Dutch Oven

Das Kochbuch mit den 107 besten Dutch Oven Rezepten für die Outdoor Küche. Für Camping, draußen am Lagerfeuer oder Zuhause mit dem Black Pot inkl. Nährwertangaben.

Food Experts

Inhaltsverzeichnis

Die Geschichte und Herkunft des Dutch Ovens 8
Wofür benötige ich den Dutch Oven? 9
Welche Größen gibt es & wofür werden diese verwendet? ..10
Worauf ist beim Kochen mit dem Dutch Oven zu achten? 11
Worauf muss ich noch achten? 13
Zubehör für den Dutch Oven 14
Die Qualität des Dutch Ovens 15
Wie funktioniert das richtige Einbrennen? 16
Wie geht richtig Dutchen? 17
Die Lagerung und Reinigung 18
107 neue und beliebte Rezepte für den Dutch Oven 19

Frühstück aus dem Dutch Oven 20

1.) Texas Frühstück 21

2.) Englisches Frühstück 22

3.) Feines Rührei mit Lachs 23

4.) Spiegeleier 24

5.) Omelette mit Käse 25

6.) Pikanter Porridge 26

7.) Süßer Porridge 27

8.) Milchreis mit Goji Beeren 28

9.) Gebratener knuspriger Speck 29

10.) Pfannkuchen oder Crepes 30

11.) Pancakes 31

12.) Frühstücksbrot...32

Herrliche Brote aus dem Dutch Oven......................................33

13.) Knoblauch Ciabatta 34

14.) Körnerbrot 35

15.) Indische Chapati 36

16.) Süßes Müsli-Brot 37

17.) Feurig scharfes Chili-Brot..38

18.) Weißbrot mit Kräutern 39

19.) Maisbrot 40

20.) Brot mit Sonnenblumenkernen und Mohn 41

Ribs und Fleisch, das auf der Zunge zergeht 42

21.) Amerikanische Ribs 43

22.) Thailändische Rippchen 44

23.) Farmers Rippchen 45

24.) Südafrikanische Rippchen 46

25.) Rippchen süß-sauer 47

26.) Zartes Schweinefleisch - Pulled Pork 48

27.) Mürbes Hühnchen - Pulled Chicken 50

28.) Traumhaftes Rindfleisch - Pulled Pork...............................51

29.) Leckere Ente - Pulled Duck 53

30.) Zartes, aromatisches Lamm - Pulled Lamb.......................55

Heiße Suppen aus dem Dutch Oven..57

31.) Maissuppe 58

32.) Bohnensuppe 59

33.) Gulaschsuppe 60

34.) Knoblauchsuppe 62

35.) Zwiebelsuppe 64

36.) Kürbissuppe 65

37.) Süßkartoffel Suppe 66

38.) Fischsuppe 67

Geflügel-Allerlei aus dem Dutch Oven 68

39.) Spicy Hühnerflügel 69

40.) Huhn auf karibische Art 70

41.) Hühnchen in Weinsauce 71

42.) Huhn mit Bambus und Pilzen 72

43.) Huhn mit Biersauce 73

44.) Crispy Chicken 74

Vegetarisches aus dem Dutch Oven 75

45.) Kartoffel Skins 76

46.) Kichererbsen Gulasch 77

47.) Stuffed Avocado 78

48.) Ratatouille aus der Outdoor Küche 79

49.) Gemüse Pot 80

50.) Knusprige Kartoffelpuffer 81

51.) Easy Popcorn 82

52.) Sauerkraut Pot 83

Dutch Oven Spezialitäten US-Style 84

53.) Chili con Carne 85

54.) Jambalaya 86

55.) Louisiana Schmortopf 87

56.) Hawai Pot 88

57.) Chili Brisket 89

58.) Surf and Turf 90

59.) Lamm Steaks 91

60.) Mac and Cheese aus dem Dutch Oven 92

61.) Bohnentopf 93

62.) Maple Chicken - Huhn mit Ahornsirup 94

63.) Schichtefleisch 95

64.) Hackbraten 96

65.) Burger 97

66.) Wurst Allerlei - Mixed Sausages 98

67.) Steak mit Cranberries 99

68.) Süßkartoffel Kürbis Mash 100

Eintöpfe - heiß und sättigend 101

69.) Eintopf mit Huhn, Kokos und Ananas 102

70.) Hackfleisch Eintopf 103

71.) Rote Beete Eintopf 104

72.) Eintopf mit Rindfleisch und Zwiebel 105

73.) Südafrikanische Ribollita 106

74.) Ungarisches Gulasch 107

75.) Indischer Eintopf 108

76.) Linseneintopf 109

77.) Beuschel nach Wiener Art 110

78.) Züricher Geschnetzeltes 111

79.) Boeuf Stroganoff 112

80.) Eintopf mit Kartoffeln und Wurst 113

81.) Eintopf mit Kalbsbacken und Kohlrabi 114

82.) Eintopf mit Hirsch und Rüben 115

Ganze Braten aus dem Black Pot 117

83.) Ganzes Brathuhn 118

84.) Schweinebraten 119

85.) Rollbraten 120

86.) Rinderbraten 121

87.) Sauerbraten 122

88.) Ganze Ente 123

89.) Osso Bucco 124

90.) Gefüllte Kalbsbrust 125

91.) Kalbsstelze 126

92.) Rehkeule aus dem Dutch Oven 127

Eiergerichte und Beilagen 128

93.) Eierflan 129

94.) Rührei mit Speck und Käse 130

95.) Omelette mit Gemüse 131

96.) Gefüllte Tomaten 132

97.) Gefüllte Paprika 133

98.) Karfiol-Bombe aus dem Dutch Oven 134

Fisch und Meeresfrüchte aus dem Dutch Oven 135

99.) Fisch im Bananenblatt 136

100.) Thunfisch Steak 137

101.) Seeteufel mit Rahm-Rüben 138

102.) Knobi Garnelen 139

103.) Schichtfisch 140

104.) Aromatische Tintenfisch Pfanne.................................141

Desserts aus dem Dutch Oven...142

105.) Schokoladen und Vanille Cobbler mit Beeren 143

106.) Schoko-Banen Muffins 144

107.) Ananas Kuchen 145

Impressum 146

Die Geschichte und Herkunft des Dutch Ovens

Beim Dutch Oven handelt es sich um keine Erfindung der Moderne, auch wenn dieses tolle Kochgerät im Augenblick einen absoluten Hype erfährt. Dieser Kochtopf aus Gusseisen wurde bereits im Jahre 1704 und früher hergestellt und ist der Geschichte nach über Holland nach Amerika gelangt. Dort war der Black Pot im Nu beliebt und führte mit dem Einzug der Siedler im Westen einen waren Siegeszug auf. Wie wichtig dieses Utensil für die Bevölkerung war, lässt sich am besten durch diese kleine Geschichte erzählen:

Mary Ball Washington war die Mutter von George Washington ließ nachweislich am 20. Mai 1788 den Dutch Oven in ihr Testament aufnehmen. Zu dieser Zeit wurden die praktischen Outdoor Kochtöpfe immer in der Familie weiter vererbt.
Die Bundesstaaten Arkansas, Texas und Utah nahmen den gusseisernen Topf sogar als offiziellen Staatskochtopf auf und er wurde zum "Official State Cooking Pot".

Wofür benötige ich den Dutch Oven?

Der Dutch Oven ist natürlich ein exzellentes Gadget für die Outdoor Küche. Er ist beim Campen und im Garten stets dabei. Der Black Pot, auch Dopf, Camp Oven, Potje oder Chuck Wagon Oven genannt, ist absolut vielseitig. Er kann sowohl zum Braten, Backen, Schmoren und Kochen verwendet werden. Er besitzt einen Deckel mit einem Rand, in welchen zusätzlich Speisen und Gerichte gegart und gebraten werden können.

Der Dutch Oven besitzt dicke und massive Wände aus Gusseisen, welche die Hitze gut speichern und abgeben. Der Deckel schließt gut ab und der Pot steht auf drei Füßen. Dadurch kann die Kohle sowohl unter dem Topf, als auch am Deckel platziert werden. So kann je nach Bedarf eine unterschiedliche Hitze erzeugt werden. Der Dutch Oven verwandelt sich somit in einen mobilen Outdoor Herd, der über Unterhitze, Oberhitze und einer individuellen Kombination daraus, verfügt.

Welche Größen gibt es und wofür werden diese verwendet?

Die Größe des Dutch Ovens wird in Zoll angegeben. Der 6-er entspricht einem Fassungsvermögen von einem Liter und ist für maximal 2 Portionen geeignet. Der 8" Dutch Oven hat ein Fassungsvermögen von zwei Litern und reicht für bis zu vier Portionen. Der 10-er Dutch Oven mit einem Fassungsvermögen von vier Litern ist für bis zu gut 6 Portionen gut. Zu den beliebtesten Größen zählt der 12" Dutch Oven mit einem Fassungsvermögen von sechs Litern für bis zu 12 Portionen. Hier können auch richtig ordentlich Eintöpfe und Gerichte für die Gartenparty gekocht werden. Der 14" Dutch Oven mit seinen 10 Litern ist schon durchaus imposant und der 16" Dutch Oven mit einem Fassungsvermögen von zwölf Litern reicht locker für 25 Portionen aus.

Der kleine Dutch Oven 6" oder 8" wird meist zum Backen verwendet. Du kannst aber auch Einzelportionen oder tolle Saucen und Suppen darin machen. Die großen Modelle sind dagegen wieder nur ratsam, wenn Du regelmäßig für eine größere Gruppe kochen möchtest. Die 10" und 12" Dutch Oven sind jene Modelle, die für den allgemeinen Hausgebrauch am besten zu empfehlen sind.

Worauf ist beim Kochen mit dem Dutch Oven zu achten?

Der wichtigste Punkt ist: Weniger ist mehr. Taste Dich langsam an die richtige Temperatur heran und verwende zu Beginn lieber weniger Kohlen oder Briketts und eine niedrigere Temperatur. Bei zu hohen Temperaturen können Deine Gerichte schnell verbrennen.

Es ist jedoch sehr einfach, die Temperatur mit Briketts oder Kohlen zu regulieren. Eine Faustregel besagt, pro Brikett kann die Temperatur um 10° Celsius hochgesetzt werden. Zu beachten ist jedoch, dass die anfallende Asche die Temperaturen wieder etwas vermindert. Einen kleinen Anhaltspunkt gibt folgende kleine Tabelle, die für einen Dutch Oven mit 10" erstellt wurde. Je nach Qualität der Kohlen und Briketts, Wind und Wetter musst Du Deine eigene Anzahl erst herausfinden. Taste Dich langsam heran und Du hast die Temperaturen im Dutch Oven garantiert schnell im Griff.

Temperatur Skala für einen 10" Dutch Oven

Für 160° Celsius benötigst Du insgesamt 19 Kohlen oder Briketts, von denen 13 auf dem Deckel und 6 unter dem Topf platziert werden sollen.

Für 175° Celsius benötigst Du insgesamt 21 Kohlen oder Briketts, von denen 14 auf dem Deckel und 7 unter dem Topf platziert werden sollen.

Für 190° Celsius benötigst Du insgesamt 23 Kohlen oder Briketts, von denen 16 auf dem Deckel und 7 unter dem Topf platziert werden sollen.

Für 200° Celsius benötigst Du insgesamt 25 Kohlen oder Briketts, von denen 17 auf dem Deckel und 8 unter dem Topf platziert werden sollen.

Für 210° Celsius benötigst Du insgesamt 27 Kohlen oder Briketts, von denen 18 auf dem Deckel und 9 unter dem Topf platziert werden sollen.

Für 220° Celsius benötigst Du insgesamt 29 Kohlen oder Briketts, von denen 19 auf dem Deckel und 10 unter dem Topf platziert werden sollen.

Unterschiedliche Richtlinien für die Gar-Arten

Es gibt auch die Möglichkeit, die Temperatur für verschiedene Gar-Arten individuell zu regeln. Generell gilt, zum leichten Köcheln sollen sich ein Drittel der Kohlen oder Briketts auf dem Deckel und zwei Drittel unter dem Topf befinden.

Wenn Du in Deinem Dutch Oven Kuchen oder Brot backen möchtest, so gibst Du am besten zwei Drittel der Kohlen oder Briketts auf den Deckel und legst ein Drittel davon unter den Ofen.

Zum Schmoren und Braten werden die Kohlen auch gerne 50 : 50 aufgeteilt.

Worauf muss ich noch achten?

Du kochst mit dem Dutch Oven und mit offenem Feuer. Demnach solltest Du immer einige Sicherheitsvorkehrungen treffen, vor allem wenn sich kleine Kinder in der Nähe aufhalten. Auch ist es wichtig, den Topf und den Deckel nie mit bloßen Händen zu berühren. Handschuhe und Topfheber gehören hier unbedingt zur Grundausstattung.

Beim Dutchen, so nennt man im Fachjargon das Kochen im Black Pot, solltest Du immer dabei bleiben und immer wieder einen kontrollierenden Blick in den Dutch Oven werfen. Flüssigkeit muss nach Bedarf nachgegossen werden, und wenn zum Beispiel zu viel Dampf beim Öffnen des Deckels entsteht, ist das ein Zeichen dass die Temperatur zu hoch ist. Zwischendurch solltest Du auch immer wieder den Deckel drehen und Wasserdampf ab leeren.

Zubehör für den Dutch Oven

Neben dem Deckelheber, den Handschuhen und der Unterlage gibt es auch noch Silikongriffe für sämtliche Utensilien und spezielles Reinigungsmaterial für Gusseisen. Auch einen Pflegespray für Gusseisen kannst Du verwenden. Eine Kohlenzange und eine Kochzange sind ebenfalls empfehlenswert, ebenso wie ein Ständer für den Deckel. Zum Anzünden der Kohlen oder Briketts kannst Du einen Anzünd-Kamin verwenden.

Wenn Du Deinen Dutch Oven mit zum Camping nimmst, wirst Du wahrscheinlich nicht auf eine kompakte Tasche verzichten wollen. Zusätzlich kannst Du mit Garkörben und Frittierkörben, Grilleinsätzen und anderen kleinen Gadgets noch mehr aus Deinem Dutch Oven herausholen. Du wirst sehen, es macht Spaß zu experimentieren.

Die Qualität des Dutch Ovens

Der Dutch Oven besteht aus hochwertigem Gusseisen. Gusseisen will natürlich sorgsam behandelt werden. Neben den nachfolgenden Pflegehinweisen solltest Du nie kalte Flüssigkeiten in den heißen Dutch Oven gießen. Auch darf der Pot nie zu lange ohne Inhalt am direkten Feuer stehen. Dadurch könnte sich das Gusseisen verformen und brechen.

Wie funktioniert das richtige Einbrennen?

Generell sind die Töpfe ab Herstellung bereits eingebrannt. Du möchtest ihn vielleicht aus hygienischen Gründen ein weiteres Mal einbrennen oder musstest den Dutch Oven komplett reinigen und auskratzen. Auch dann ist ein neuerliches Einbrennen notwendig. Auch wenn der Dutch Oven durch falsche Lagerung Rost angesetzt hat, muss er neu eingebrannt werden.

Zum Einbrennen benötigst Du ein hochwertiges Öl, welches hohe Temperaturen verträgt und große Hitze. Am besten eignen sich Kokosfett, Rapsöl oder Sonnenblumenöl - bitte kein Olivenöl verwenden. Der Topf wird dann dick mit dem Öl eingerieben und mit der Topfseite nach oben in den Backofen oder den Kugelgrill gestellt. Die Temperaturen sollten über 220° zu regeln sein. Der Dutch Oven sollte nun für etwa zwei Stunden eingebrannt werden. Erschrecke Dich nicht, es kommt dabei zu einer starken Rauchentwicklung. Das Einbrennen machst Du daher am besten mit einem Kugelgrill im Freien.

Wie geht richtig Dutchen?

Wie schon eingangs erwähnt, ist es besser mit wenig Hitze zu arbeiten. So kann Dir nichts anbrennen. Gleichzeitig wird auch das Fleisch und alle anderen Zutaten wunderbar zart.

Du kannst nicht nur im Topf selbst kochen, backen und braten, sondern auch den Deckel verwenden. Dazu musst Du diesen nur einfach umdrehen und der Deckel wird zur tollen, kleinen Bratpfanne.

Wie beim normalen Grillen gibt es auch beim Dutchen verschiedene Philosophien. Manche schwören auf Kohlen, andere auf Briketts und für wieder andere ist nur Gas das einzig Richtige. Briketts sind jedoch absolut zu empfehlen, da sie eine lang anhaltende und gleichmäßige Temperatur abgeben. Sie brennen länger als Kohlen und lassen sich auch einfacher zur Temperaturregelung dosieren.

Die Lagerung und Reinigung

Der Dutch Oven sollte immer trocken gelagert werden. Wird das Gusseisen feucht, so kann sich Rost ansetzen und Du musst ihn wieder komplett reinigen und neu einbrennen.
Du musst den Dutch Oven immer ordentlich reinigen - dies ist jedoch absolut unkompliziert. Die Speisereste kratzt Du mit einem Spatel heraus und reinigst den Topf mit einer Bürste und warmem Wasser. Wichtig ist, dass Du absolut kein Spülmittel verwendest. Auch darf der Dutch Oven niemals in die Spülmaschine. So würdest Du die Patina zerstören, die nicht nur für den einzigartigen Geschmack sorgt, sondern auch als Schutz dient. Wenn Du Spülmittel verwendest, wirst Du dies spätestens beim nächsten Kochen bereuen. Die Patina saugt das Spülmittel auf und gibt diese beim nächsten Kochen wieder an die Speisen ab. So würde alles seifig schmecken.

Ab und zu kann es vorkommen, dass Dein Dutch Oven ranzig wird. Das kommt, wenn er nicht ordentlich gelagert oder gereinigt wurde. Ist dies der Fall, musst Du ihn ordentlich mit Spülmittel putzen, auskratzen und im Anschluss wieder neu einbrennen. Nach dem Reinigen muss der Topf ordentlich abgetrocknet werden. Am besten ist es, wenn Du ihn auch zusätzlich mit einem hochwertigen Öl dünn einreibst und trocken lagerst. Er sollte immer an einem luftigen Ort gelagert werden. Durch die Luftzirkulation kann das Gusseisen nicht rostig oder ranzig werden. Am besten legst Du immer ein Küchenhandtuch zwischen Deckel und Topf - so kann nichts passieren.

107 neue und beliebte Rezepte für den Dutch Oven

Nun hast Du alles Wissenswerte über den Dutch Oven erfahren. Wir wollen Dich nicht mehr länger auf die Folter spannen, sondern verraten Dir unsere liebsten und innovativen Rezepte. Du wirst erstaunt sein, wie vielfältig der Dutch Oven ist. Garantiert kommt der Black Pot auch bei Dir nicht nur im Sommer oder beim Campen zum Einsatz. Der Dutch Oven gibt zum Beispiel eine tolle "Gulaschkanone" zu Silvester ab.

Frühstück aus dem Dutch Oven

Texas Frühstück

Kalorien: 464,1 kcal | Eiweiß: 24,2 Gramm | Fett: 33,2 Gramm | Kohlenhydrate: 13,7 Gramm

Für eine Portion wird benötigt:

1 kleine gekochte Kartoffel | 1 TL Öl | 2 Scheiben Speck | 1 Debreziner Würstchen | 1 EL Mais | 1 Chili rot | 2 Eier | 1 EL Cheddar gerieben | Salz und Pfeffer

Die Zubereitung:

1. Kartoffel, Speck und Debreziner in kleine Stücke schneiden und alles zusammen mit dem Mais im Topf im Öl bei etwa 190° Celsius anbraten.
2. Alles an den Rand schieben.
3. Die Chili hacken und mit den Eiern verrühren.
4. Zu einem Rührei verarbeiten, mit Käse bestreuen, diesen leicht schmelzen lassen, salzen, pfeffern und mit dem Rest anrichten.

Notizen:_____
_____
_____

Englisches Frühstück

Kalorien: 424,4 kcal | Eiweiß: 24,7 Gramm | Fett: 28,7 Gramm | Kohlenhydrate: 13,8 Gramm

Für eine Portion wird benötigt:

2 kleine Bratwürste | 2 Scheiben Speck | 1 TL Öl | 60 Gramm Baked Beans | 1 Tomate | 1 Ei | Salz und Pfeffer

Die Zubereitung:

1. Das Öl in den Topf geben.
2. Die Tomate halbieren, mit der Schnittfläche nach unten in den Dutch Oven legen.
3. Die restlichen Zutaten hinzugeben und alles bei geschlossenem Deckel für etwa 5 Minuten bei 175° Celsius braten.
4. Salzen und pfeffern und anrichten.

Notizen:

Feines Rührei mit Lachs

Kalorien: 278,3 kcal | Eiweiß: 22,8 Gramm | Fett: 18,4 Gramm | Kohlenhydrate: 3,4 Gramm

Für eine Portion wird benötigt:

1 Schalotte | 1/2 Knoblauchzehe | 1 TL Butter | 2 Eier | 2 EL Joghurt | 1/2 TL Dill gehackt | 50 Gramm Räucherlachs | 1/2 TL Meerrettich fein gerieben

Die Zubereitung:

1. Den Deckel umdrehen, das Rührei wird im Deckel zubereitet. Schalotte und Knoblauch klein schneiden und in der Butter glasig anschwitzen.
2. Die Eier mit dem Joghurt und dem fein gehackten Dill verquirlen.
3. Über den Zwiebel gießen und stocken lassen.
4. Mit dem Räucherlachs bedecken, fertig stocken lassen und mit Meerrettich verfeinern.
5. Die Temperatur sollte etwa 175° Celsius betragen.

Notizen:_____

_____

_____

Spiegeleier

Kalorien: 224,8 kcal | Eiweiß: 14,6 Gramm | Fett: 17,1 Gramm | Kohlenhydrate: 1,6 Gramm

Für eine Portion wird benötigt:

2 Eier | 50 ml Öl | 1 EL Parmesan fein gerieben | etwas getrockneter Majoran | Pfeffer aus der Mühle

Die Zubereitung:

1. Zubereitung im Deckel bei etwa 175° bis 190° Celsius.
2. Das Öl in den Deckel gießen, die Eier hinein schlagen und mit Parmesan, Majoran und Pfeffer aus der Mühle bestreuen.
3. Zu Spiegeleiern braten lassen.

Notizen:_____
_____
_____

Omelette mit Käse

Kalorien: 257,2 kcal | Eiweiß: 21,7 Gramm | Fett: 16,9 Gramm | Kohlenhydrate: 2,8 Gramm

Für eine Portion wird benötigt:

1 EL Parmesan | 2 Eier | 1 EL Quark | Salz und Pfeffer | 1 EL Petersilie gehackt | 20 Gramm geriebener Käse

Die Zubereitung:

1. Das Omelette wird im Deckel bei etwa 190° Celsius gebraten.
2. Den Parmesan eng auf den Deckel streuen und schmelzen lassen.
3. Die Eier mit dem Quark verquirlen, salzen, pfeffern und mit Petersilie würzen, den Käse einrühren und auf den Parmesan gießen. Stocken lassen, einklappen, kurz durchziehen und anrichten.

Notizen: _____
_____
_____

Pikanter Porridge

Kalorien: 274,1 kcal | Eiweiß: 8,6 Gramm | Fett: 8,6 Gramm | Kohlenhydrate: 38,8 Gramm

Für zwei Portionen wird benötigt:

1 Knoblauchzehe | 40 Gramm gewürfelte Möhren | 1/2 Apfel klein gewürfelt | 1 EL Butter | 1 Messerspitze gelbes Currypulver | 40 Gramm Haferflocken | 200 ml Gemüsesuppe | 1 EL Erbsen | Salz und Pfeffer | 2 Frühlingszwiebel gehackt

Die Zubereitung:

1. Den Knoblauch klein hacken und zusammen mit den Möhren und dem Apfel in der Butter anschwitzen.
2. Das Currypulver einrühren und auch die Haferflocken unter ständigem Rühren kurz mit rösten.
3. Mit der Suppe aufgießen, die Erbsen dazu geben und mit Salz und Pfeffer abschmecken. Mit dem Deckel verschließen und bei etwa 175° Celsius für 5 Minuten köcheln.
4. Durchrühren und für 15 Minuten weg vom Feuer quellen lassen, die Frühlingszwiebel einrühren und anrichten.

Notizen:_____

_____

_____

Süßer Porridge

Kalorien: 317,5 kcal | Eiweiß: 8,2 Gramm | Fett: 7,5 Gramm | Kohlenhydrate: 52,2 Gramm

Für zwei Portionen wird benötigt:

40 Gramm Haferflocken | 200 ml Mandelmilch | 1/2 Packung Vanillezucker | 1 EL Honig | 1 Kiwi | 1/2 Birne | 20 Gramm Heidelbeeren | 1 EL Zitronenmelisse gehackt

Die Zubereitung:

1. Haferflocken, Mandelmilch, Vanillezucker und Honig in den Topf geben und bei 175° Celsius für 5 Minuten köcheln lassen und vom Feuer nehmen.
2. Das Obst klein schneiden und zusammen mit den Beeren und der Melisse unterrühren.
3. Den Porridge für 15 Minuten quellen lassen und anrichten.

Notizen: _____

_____

_____

Milchreis mit Goji Beeren

Kalorien: 741,7 kcal | Eiweiß: 22,9 Gramm | Fett: 5,9 Gramm | Kohlenhydrate: 144,7 Gramm

Für zwei Portionen wird benötigt:

120 Gramm Milchreis/Rundkornreis | 1 TL Butter | 400 ml Milch | 100 ml Kokosmilch | 1/2 TL Vanillezucker | 1 Prise Salz | 20 Gramm Goji Beeren getrocknet | 1 Prise Kardamom gemahlen | 1 Prise Nelkenpulver | 1 EL Ahornsirup

Die Zubereitung:

1. Den rohen Reis kurz in der Butter glasig anschwitzen und mit der Milch und der Kokosmilch aufgießen.
2. Vanillezucker, Salz und Goji Beeren hinzufügen und unter mehrmaligem Rühren für 10 Minuten bei 175° Celsius kochen.
3. Vom Feuer nehmen und mit geschlossenem Deckel für 15 Minuten ziehen lassen.
4. Mit Kardamom, Nelkenpulver und Ahornsirup verfeinern und anrichten.

Notizen:

Gebratener, knuspriger Speck

Kalorien: 246,9 kcal | Eiweiß: 14,5 Gramm | Fett: 16,1 Gramm | Kohlenhydrate: 9,3 Gramm

Für eine Portion wird benötigt:

4 Scheiben Bauchspeck - mindestens 2 mm dick | 1 EL Honig | 1 Messerspitze Cayenne Pfeffer | etwas Oregano getrocknet

Die Zubereitung:

1. Den Honig mit Cayenne Pfeffer und Oregano vermengen und den Speck damit bestreichen.
2. Den Speck im Deckel bei etwa 190° Celsius knusprig braten.

Notizen:_____
_____
_____

Pfannkuchen oder Crepes

Kalorien: 959 kcal | Eiweiß: 37,4 Gramm | Fett: 44,4 Gramm | Kohlenhydrate: 95,9 Gramm

Für sechs Stück wird benötigt:

1/4 Liter Milch | 4 Eier | 6 gehäufte EL Mehl | 1 Prise Salz | 2 EL Butter oder Öl zum Backen | 1 EL Nutella | 1 EL Frischkäse | 1 Prise Zimt | 1 EL Haselnüsse geröstet und gehackt

Die Zubereitung:

1. Die Milch mit den Eiern, dem Mehl und dem Salz gut verquirlen.
2. Etwas Butter oder Öl in den Topf geben und nach und nach darin sechs dünne Pfannkuchen backen.
3. Die Pfannkuchen sollten pro Seite für knapp 1,5 Minuten gebacken werden und die Temperatur sollte etwa 175° Celsius betragen.
4. Nutella mit Frischkäse, Zimt und Haselnüssen vermengen und die Pfannkuchen damit bestreichen und einrollen.
5. Diese wieder in den Topf legen und bei geschlossenem Deckel, ohne Feuer für etwa 5 Minuten ziehen lassen.

Notizen:

Pancakes

Kalorien: 578,7 kcal | Eiweiß: 18,2 Gramm | Fett: 19,8 Gramm | Kohlenhydrate: 78,1 Gramm

Für sechs dicke Pancakes wird benötigt:

100 Gramm Kefir | 1 Ei | 80 Gramm Mehl | 1/2 Packung Backpulver | 1/2 TL Vanillezucker | 2 EL Butter oder Öl zum Backen | 2 EL Quark | 1 TL Ahornsirup | Saft und Abrieb einer halben Limette unbehandelt

Die Zubereitung:

1. Das Kefir mit dem Ei, dem Mehl, Backpulver und Vanillezucker glatt rühren.
2. Den Deckel umdrehen und etwas Butter oder Öl darin erhitzen.
3. Aus dem Teig nach und nach sechs dicke Pancakes backen.
4. Jeder Pancake sollte pro Seite für 2 Minuten gebraten werden und die Temperatur soll 175° Celsius betragen.
5. Den Quark mit dem Ahornsirup und dem Saft und Abrieb der Limette verrühren und zusammen mit den Pancakes anrichten.

Notizen:

Frühstücks-Brot

Kalorien: 179,2 kcal | Eiweiß: 5,6 Gramm | Fett: 6,2 Gramm | Kohlenhydrate: 24 Gramm

Für eine Portion wird benötigt:

1 Scheibe Vollkornbrot | 1 TL Frischkäse | 1 TL Schnittlauch-Röllchen | 2 dünne Scheiben Schnittkäse | Salz und Pfeffer

Die Zubereitung:

1. Das Brot mit Frischkäse bestreichen, mit Schnittlauch bestreuen, mit Käse belegen und mit Salz und Pfeffer würzen.
2. In den Topf legen, den Deckel schließen und das Brot bei etwa 175° Celsius für ca. 5 Minuten backen.

Notizen:_____
_____
_____

Herrliche Brote aus dem Dutch Oven

Knoblauch Ciabatta

Kalorien: 1600,1 kcal | Eiweiß: 8,7 Gramm | Fett: 10,3 Gramm | Kohlenhydrate: 358,3 Gramm

Für ein ganzes Brot wird benötigt:

500 Gramm Mehl Typ 405 | 18 Gramm Hefe frisch | 350 ml Wasser | 2 EL Apfelessig | 1 TL Salz | 5 Knoblauchzehen | 1 TL Thymian frisch | 1 EL Olivenöl

Die Zubereitung:

1. Den Knoblauch klein schneiden und im Deckel zusammen mit dem gehackten Thymian im Olivenöl schön anrösten.
2. Das Mehl mit der Hefe, dem Wasser, dem Apfelessig und dem Salz gut verkneten. Für 30 Minuten ruhen lassen.
3. Nun den Knoblauch einarbeiten und den Teig luftdicht verschlossen für mindestens 12 Stunden ruhen lassen.
4. Den Dutch Pot mit Backpapier auslegen und aus dem Teig ein Brot formen.
5. Bei geschlossenem Deckel bei 190° Celsius für 45 Minuten backen.

Notizen: _____
_____
_____

Körnerbrot

Kalorien: 3577,8 kcal | Eiweiß: 66,6 Gramm | Fett: 108,6 Gramm | Kohlenhydrate: 559,6 Gramm

Für ein ganzes Brot wird benötigt:

300 Gramm Mehl Typ 405 | 350 Gramm Mehl Typ 550 | 1 Hefewürfel | 500 ml lauwarme Gemüsebrühe | 1 EL Salz | 80 Gramm Sonnenblumenkerne | 80 Gramm Kürbiskerne | 50 Gramm Leinsamen | 2 EL Sesam zum Bestreuen

Die Zubereitung:

1. Den Hefewürfel in der Brühe auflösen und alle Zutaten außer dem Sesam zu einem geschmeidigen Brotteig gut verkneten.
2. Den Teig für eine Stunde bei Zimmertemperatur rasten lassen.
3. Ein Brot formen, mit Sesam bestreuen und den Black Pot mit Backpapier auslegen.
4. Das Brot hineinlegen und den Deckel schließen.
5. Bei 190° Celsius für 50 Minuten backen.

Notizen:_____

_____

_____

Indische Chapati

Kalorien: 1845,5 kcal | Eiweiß: 35 Gramm | Fett: 36,4 Gramm | Kohlenhydrate: 332,5 Gramm

Für etwa 10 bis 12 Chapati wird benötigt:

250 Gramm Weizenmehl Typ 405 | 250 Gramm Dinkel Vollkornmehl | 4 EL Olivenöl | 1 Prise Kardamom gemahlen | 1 Messerspitze Curry gelb | 450 ml Wasser | 1 TL Salz | etwas Öl zum Backen

Die Zubereitung:

1. Die Chapati werden im Deckel bei 205° Celsius gebacken.
2. Jedes Brot wird pro Seite für 2 Minuten gebraten. Das Weizenmehl mit dem Dinkelmehl versieben und mit Olivenöl, Kardamom, Curry, Wasser und Salz zu einem Teig verkneten.
3. Den Teig für eine Stunde im Kühlschrank rasten lassen.
4. Den Teig in 10 bis 12 Fladen teilen und diese nach und nach im Deckel in etwas Öl von beiden Seiten braten.
5. Diese Fladen sind eine tolle Beilage zu sämtlichen Gerichten und Eintöpfen.

Notizen:_____

_____

_____

Süßes Müsli-Brot

Kalorien: 2899 kcal | Eiweiß: 211,7 Gramm | Fett: 98,8 Gramm | Kohlenhydrate: 271,3 Gramm

Für ein ganzes Brot wird benötigt:

250 Gramm Früchtemüsli | 650 ml Buttermilch | 2 EL Haferkleie | 2 Eier | 1 Packung Backpulver | 1/2 TL Salz | 1 Packung Vanillezucker | 60 Gramm Rosinen | 380 Gramm Mandelmehl | 50 Gramm Zucker

Die Zubereitung:

1. Das Müsli mit der Buttermilch, der Haferkleie und den Eiern vermengen.
2. Für eine Stunde quellen lassen.
3. Danach mit Backpulver, Salz, Vanillezucker, Rosinen, Mandelmehl und Zucker zu einem schönen Brotteig verkneten.
4. Den Dutch Oven mit Backpapier auslegen und den Teig als Brot geformt hinein geben.
5. Mit dem Deckel verschließen und bei 175° Celsius für 60 Minuten backen.

Notizen:

Feurig scharfes Chili-Brot

Kalorien: 2251 kcal | Eiweiß: 16,1 Gramm | Fett: 8,2 Gramm | Kohlenhydrate: 514,2 Gramm

Für ein ganzes Brot wird benötigt:

2 Packungen Trockenhefe | 400 ml Wasser | 1 EL Salz | 2 EL Chili getrocknet | 1 rote Paprika | 1 gelbe Paprika | 1 EL Zucker | 700 Gramm Mehl Typ 405 | 1 TL Majoran getrocknet

Die Zubereitung:

1. Die Paprika klein würfeln und zusammen mit den restlichen Zutaten zu einem schönen Brotteig verkneten.
2. Für 30 Minuten bei Zimmertemperatur rasten lassen.
3. Den Topf mit Backpapier auslegen, den Teig zu einem Brot formen und hineingeben.
4. Mit dem Deckel verschließen und das Brot bei 175° Celsius für 70 Minuten backen.

Notizen:

Kalorien: 2237 kcal | Eiweiß: 18 Gramm | Fett: 8 Gramm | Kohlenhydrate: 508,4 Gramm

Für ein ganzes Brot wird benötigt:

450 ml lauwarmes Wasser | 2 Packungen Trockenhefe | 2 EL Salz | 700 Gramm Mehl Typ 405 | 100 Gramm Kräuter gehackt

Die Zubereitung:

1. Alle Zutaten miteinander zu einem schönen Brotteig verkneten und eine Stunde bei Zimmertemperatur rasten lassen.
2. Ein weiteres Mal durchkneten und zu einem Brot formen.
3. Den Dutch Oven mit Backpapier auslegen und das Brot darauf legen.
4. Mit dem Deckel verschließen und das Brot bei 190° Celsius für 50 Minuten backen.

Notizen:_____

_____

_____

Maisbrot

Kalorien: 3195,8 kcal | Eiweiß: 54 Gramm | Fett: 25,1 Gramm | Kohlenhydrate: 668,5 Gramm

Für ein ganzes Brot wird benötigt:

500 ml lauwarmes Wasser | 250 ml Buttermilch lauwarm | 1 Hefewürfel | 1 TL Zucker | 2 TL Salz | 600 Gramm Weizenmehl Typ 550 | 350 Gramm Maismehl

Die Zubereitung:

1. Alle Zutaten zu einem geschmeidigen Teig verkneten und für 30 Minuten rasten lassen.
2. Ein weiteres Mal durchkneten und wieder für 30 Minuten rasten lassen.
3. Den Black Pot mit Backpapier auslegen und das schön geformte Brot hinein geben.
4. Mit dem Deckel verschließen und das Maisbrot für 65 Minuten bei 190° Celsius backen.

Notizen:_____

_____

_____

Brot mit Sonnenblumenkernen und Mohn

Kalorien: 3039,4 kcal | Eiweiß: 53 Gramm | Fett: 110,6 Gramm | Kohlenhydrate: 437,4 Gramm

Für ein ganzes Brot wird benötigt:

300 ml lauwarmes Wasser | 20 Gramm Hefe | 500 Gramm Mehl Typ 405 | 80 Gramm Dinkelmehl | 1 TL Zucker | 1 EL Apfelessig | 2 EL Olivenöl | 50 Gramm Mohn | 150 Gramm Sonnenblumenkerne | 1 TL Salz

Die Zubereitung:

1. Die Hälfte des Mohns zur Seite legen.
2. Den restlichen Mohn mit allen Zutaten zu einem geschmeidigen Brotteig verkneten.
3. Für eine Stunde bei Zimmertemperatur quellen lassen, durchkneten, zu einem Brot formen und mit dem restlichen Mohn bestreuen.
4. Den Dutch Oven mit Backpapier auslegen und das Brot hineingeben.
5. Mit dem Deckel verschließen und das Brot bei 190° Celsius für 70 Minuten backen.

Notizen: _____

_____

_____

Ribs und Fleisch, das auf der Zunge zergeht

Amerikanische Ribs

Kalorien: 2798,3 kcal | Eiweiß: 232 Gramm | Fett: 140,7 Gramm | Kohlenhydrate: 131,3 Gramm

Für etwa sechs Portionen wird benötigt:

300 ml Cola | 300 Gramm Ketchup | 1 EL Oregano | 1 EL Majoran | 1 TL Knoblauchpulver | 1 EL Zwiebelpulver | 1 TL Cayenne Pfeffer | 4 EL dunkle Sojasauce | 2 kg Spare-Ribs

Die Zubereitung:

1. Das Cola mit dem Ketchup, Oregano, Majoran, Knoblauch, Zwiebel, Cayenne Pfeffer und Sojasauce aufkochen und über die Rippchen gießen.
2. Diese über Nacht in der Marinade durchziehen lassen.
3. Aus der Marinade nehmen und in den Dutch Oven geben.
4. Bei 160° Celsius für 80 Minuten garen.
5. Nun die Rippchen erneut mit der Marinade bestreichen und für weitere 30 Minuten bei 190° Celsius fertig garen.

Notizen:

Thailändische Rippchen

Kalorien: 2362 kcal | Eiweiß: 203 Gramm | Fett: 138,9 Gramm | Kohlenhydrate: 58,1 Gramm

Für etwa vier Portionen wird benötigt:

300 ml Ananassaft | 4 EL Sojasauce | 5 cm Ingwer frisch gerieben | 5 Knoblauchzehen | 2 EL Palmzucker | Saft von zwei Limetten | 1 Bund Koriander gehackt | 3 Chili rot | 2 EL Sesamöl | 1,5 kg Schweinerippchen

Die Zubereitung:

1. Den Ananassaft mit den restlichen Zutaten außer den Rippchen vermengen.
2. Die Rippchen in den Dutch Oven legen und mit der Marinade übergießen.
3. Den Deckel schließen und alles für 2 Stunden bei 175° Celsius garen.
4. Öfter kontrollieren, ob noch genügend Flüssigkeit im Topf ist.

Notizen:_____
_____
_____

Farmers Rippchen

Kalorien: 1551,4 kcal | Eiweiß: 209,2 Gramm | Fett: 62,1 Gramm | Kohlenhydrate: 28,2 Gramm

Für vier Portionen wird benötigt:

3 EL Speck gewürfelt | 400 Gramm passierte Tomaten | 3 EL Tomatenmark | 300 ml Wasser | 2 Zwiebel | 4 Knoblauchzehen | 4 EL Balsamico Essig | 5 EL Worcester Sauce | einige Spritzer Tabasco | 1 EL Senf | 2 TL Salz | 2 kg lange Rinder-Rippen

Die Zubereitung:

1. Zwiebel und Knoblauch klein schneiden und mit allen Zutaten außer den Rippchen vermengen.
2. Die Rippchen in den Dutch Oven geben und mit der Marinade übergießen.
3. Den Deckel schließen und alles für 3,5 Stunden bei 160° Celsius garen.
4. Bitte zwischendurch Temperatur und Flüssigkeit kontrollieren.

Notizen:_____

_____

_____

Südafrikanische Rippchen

Kalorien: 2209,3 kcal | Eiweiß: 202,7 Gramm | Fett: 132,8 Gramm | Kohlenhydrate: 34,9 Gramm

Für vier Portionen wird benötigt:

2 kg Lammrippen | 1/2 TL Koriander Samen | 1 TL Kreuzkümmel | 1 TL Thymian getrocknet | etwas Muskat | etwas Zimt | 3 cm Ingwer frisch gerieben | 6 Pimentkörner | 1 TL Senfkörner | 8 Knoblauchzehen | 2 Zwiebel | 2 EL brauner Zucker | 2 TL Salz | 6 Pfefferkörner | 2 Kardamom Kapseln | 4 Wacholderbeeren | 1 EL Oregano getrocknet

Die Zubereitung:

1. Alle Zutaten außer den Rippen im Mörser oder Mixer zerkleinern.
2. Die Rippchen damit gut einreiben und in den Dutch Oven legen.
3. Den Deckel schließen und für 2 Stunden bei 175° Celsius garen.

Notizen:_____
_____
_____

Rippchen süß-sauer

Kalorien: 2669,2 kcal | Eiweiß: 217,8 Gramm | Fett: 137,8 Gramm | Kohlenhydrate: 120,7 Gramm

Für sechs Portionen wird benötigt:

2 Zwiebel | 2 Knoblauchzehen | 2 EL Öl | 1 EL Tomatenmark | 4 EL Zucker | 50 ml Apfelessig naturtrüb | 2 Dosen gewürfelte Tomaten | 400 ml Gemüsefond | 1 rote Paprika | 1 grüne Paprika | 1 gelbe Paprika | 150 Gramm Ananas frisch | 2 kg Rippchen | Salz und Pfeffer | etwas Thymian

Die Zubereitung:

1. Die Zwiebel und den Knoblauch klein schneiden und im Dutch Oven im Öl anrösten.
2. Das Tomatenmark und den Zucker einrühren und mit dem Apfelessig ablöschen.
3. Die gewürfelten Tomaten hinzugeben und mit dem Gemüsefond aufgießen.
4. Köcheln lassen.
5. Die Paprika klein schneiden und zusammen mit der gewürfelten Ananas hinzugeben.
6. Mit Salz, Pfeffer und Thymian würzen und die Rippchen hineinlegen.
7. Den Deckel schließen und alles für 2 Stunden bei 160° Celsius garen.

Notizen:

Zartes Schweinefleisch - Pulled Pork

Kalorien: 4526,1 kcal | Eiweiß: 413,2 Gramm | Fett: 264,8 Gramm | Kohlenhydrate: 90,2 Gramm

Für sechs Portionen wird benötigt:

2 kg Schweinenacken | 4 TL Salz | 1 TL Knoblauch Pulver | 1 TL Zwiebelpulver | 5 TL brauner Zucker | 1 TL Chili Pulver | 2 TL Paprikapulver süß | 1 TL Kümmel gemahlen | 1 EL Majoran getrocknet | 3 große Gemüsezwiebel | 600 ml Gemüsefond | 3 Lorbeerblätter

Die Zubereitung:

1. Alle Gewürze vermengen und das Fleisch gut damit einreiben.
2. Die Zwiebel grob schneiden und in den Black Pot geben.
3. Mit dem Fond aufgießen und die Lorbeerblätter hinzugeben.
4. Das Fleisch hineinlegen und mit dem Deckel verschließen.
5. Alles für 3 Stunden bei 160° Celsius langsam garen.
6. Zwischenzeitlich immer darauf achten, dass genügend Flüssigkeit im Dutch Oven ist.

7. Das Fleisch nun aus dem Topf nehmen und in Alufolie wickeln und für 40 Minuten rasten lassen.
8. Nun lässt sich das Fleisch wunderbar mit einem Löffel teilen.

Notizen:_____

_____

_____

_____

_____

Mürbes Hühnchen - Pulled Chicken

Kalorien: 858 kcal | Eiweiß: 119,6 Gramm | Fett: 14,5 Gramm | Kohlenhydrate: 56,8 Gramm

Für vier Portionen wird benötigt:

4 Hühnerbrüste ohne Haut | 2 EL Honig | 2 EL Sojasauce dunkel | 4 Knoblauchzehen gehackt | 3 rote Zwiebel klein gewürfelt | 3 cm Ingwer fein gerieben | 400 ml passierte Tomaten | 1 TL Cayenne Pfeffer | 3 Frühlingszwiebel grob geschnitten

Die Zubereitung:

1. Alle Zutaten außer dem Fleisch vermengen und in den Dutch Oven geben.
2. Das Hühnchen einlegen und den Topf mit dem Deckel verschließen.
3. Alles für 2 Stunden bei 160° Celsius garen.
4. Zwischenzeitlich immer darauf achten, dass genügend Flüssigkeit im Dutch Oven ist.
5. Nun das Fleisch im Topf mit zwei Kochlöffel zerrupfen und mit der ein reduzierten Sauce anrichten.

Notizen:_____
_____
_____

Traumhaftes Rindfleisch - Pulled Beef

Kalorien: 1822 kcal | Eiweiß: 313,5 Gramm | Fett: 25 Gramm | Kohlenhydrate: 55,9 Gramm

Für sechs Portionen wird benötigt:

1,5 kg Rinder Oberschale | 1 Bund Petersilie gehackt | 1 Bund Koriander gehackt | 4 Knoblauchzehen gehackt | 2 EL mittelscharfer Senf | 1 EL Honig | 1 EL Thymian frisch | Salz und Pfeffer | 100 Gramm Sellerie | 100 Gramm Möhren | 300 ml Gemüsebrühe | 100 ml Rotwein

Die Zubereitung:

1. Sellerie und Möhren klein schneiden, in den Topf geben und mit Brühe und Rotwein aufgießen.
2. Das Fleisch salzen und pfeffer. Petersilie, Koriander, Knoblauch, Senf, Honig und Thymian vermengen und das Fleisch gut damit einreiben.
3. In den Topf geben und mit dem Deckel verschließen.
4. Für 2,5 Stunden bei 160° Celsius garen.
5. Zwischenzeitlich immer darauf achten, dass genügend Flüssigkeit im Dutch Oven ist.

6. Das Fleisch nun aus dem Topf nehmen und in Alufolie wickeln und für 40 Minuten rasten lassen.
7. Nun lässt sich das Fleisch wunderbar mit einem Löffel teilen.
8. Das Fleisch mit der Sauce anrichten.

Notizen:_____

_____

_____

_____

_____

Leckere Ente Pulled Duck

Kalorien: 3059,8 kcal | Eiweiß: 208,1 Gramm | Fett: 217,1 Gramm | Kohlenhydrate: 45,8 Gramm

Für vier Portionen wird benötigt:

4 Entenbrüste | 1 TL Salz | 1 TL Paprikapulver | 1/2 TL Kreuzkümmel gemahlen | 1 Messerspitze Nelkenpulver | 1 TL Ahornsirup | 1 TL Beifuss getrocknet | 100 Gramm Petersilienwurzel | 2 Äpfel | 50 ml Orangensaft | 300 ml Geflügelfond | 1 Lorbeerblatt

Die Zubereitung:

1. Alle Gewürze gut vermengen und die Entenbrüste gut damit einreiben.
2. Die Äpfel entkernen und schälen und mit der grob geschnittenen Petersilienwurzel in den Dutch Oven geben.
3. Mit Orangensaft und Fond aufgießen und die Ente und das Lorbeerblatt hinein legen.
4. Mit dem Deckel verschließen und für 2,5 Stunden bei 175° Celsius garen.
5. Zwischenzeitlich immer darauf achten, dass genügend Flüssigkeit im Dutch Oven ist.

6. Das Fleisch nun aus dem Topf nehmen und in Alufolie wickeln und für 30 Minuten rasten lassen.
7. Nun lässt sich das Fleisch wunderbar mit einem Löffel teilen und mit der Sauce servieren.

Notizen:

Zartes und aromatisches Lamm - Pulled Lamb

Kalorien: 3280,4 kcal | Eiweiß: 311 Gramm | Fett: 198,2 Gramm | Kohlenhydrate: 39,6 Gramm

Für sechs Portionen wird benötigt:

1,5 kg Lammschulter | 2 Zweige Rosmarin | 2 Zweige Thymian | 8 Knoblauchzehen | 1 TL Senfkörner | 1/2 Bund Minze | 1/2 TL Fenchelsamen | 1/2 TL Bockshornklee | 2 TL Salz | 1 TL Pfeffer weiß | 1 Messerspitze Zimt | 100 Gramm Sellerie | 50 Gramm Möhren | 1 Zwiebel | 1 Lorbeerblatt | 400 ml Kalbsfond

Die Zubereitung:

1. Die Gewürze mit dem Knoblauch im Mörser oder Mixer zerstoßen und das Lamm gut damit einreiben.
2. Den Sellerie, die Möhren und den Zwiebel grob schneiden und zusammen mit dem Lorbeerblatt in den Dutch Oven geben.
3. Mit dem Kalbsfond aufgießen und das Fleisch einlegen.
4. Mit dem Deckel verschließen und für 4 Stunden bei 160° Celsius garen.
5. Zwischenzeitlich immer darauf achten, dass genügend Flüssigkeit im Dutch Oven ist.

6. Das Fleisch nun aus dem Topf nehmen und in Alufolie wickeln und für 40 Minuten rasten lassen.
7. Nun lässt sich das Fleisch wunderbar mit einem Löffel teilen und mit der Sauce anrichten.

Notizen:_____

_____
_____
_____
_____

Heiße Suppen aus dem Dutch Oven

Maissuppe

Kalorien: 980,1 kcal | Eiweiß: 22,1 Gramm | Fett: 37,3 Gramm | Kohlenhydrate: 115,8 Gramm

Für vier Portionen wird benötigt:

1 Zwiebel | 1 kleine Süßkartoffel | 1 EL Öl | 1 TL Curry gelb | 1/8 Liter Weißwein | 800 ml klare Gemüsebrühe | 400 Gramm Mais | 1 Lorbeerblatt | 100 Gramm Creme Fraiche | Salz und Cayenne Pfeffer

Die Zubereitung:

1. Die Zwiebel und die Süßkartoffel klein schneiden und im Olivenöl anrösten.
2. Das Currypulver hinzugeben und mit dem Weißwein ablöschen.
3. Den Alkohol verdampfen lassen und mit der klaren Brühe aufgießen.
4. Mais und Lorbeerblatt hinzugeben und mit dem Deckel verschließen.
5. Für 30 Minuten bei 175° Celsius kochen.
6. Zuletzt Creme Fraiche einrühren, mit Salz und Cayenne Pfeffer abschmecken und anrichten.

Notizen:_____
_____
_____

Bohnensuppe

Kalorien: 825,3 kcal | Eiweiß: 38,7 Gramm | Fett: 54,8 Gramm | Kohlenhydrate: 38,2 Gramm

Für vier Portionen wird benötigt:

1 Zwiebel | 1 Möhre | 1 EL Öl | 1 EL Tomatenmark | 1 Liter klare Gemüsebrühe | 400 Gramm grüne Brechbohnen | 100 Gramm Kassler | 1 TL Bohnenkraut getrocknet | etwas Majoran getrocknet | 2 EL Liebstöckel grob gehackt | Salz und Pfeffer | 2 EL Sauerrahm

Die Zubereitung:

1. Die Zwiebel und die Möhre klein schneiden und im Öl anrösten.
2. Das Tomatenmark einrühren und mit der Brühe aufgießen.
3. Die Bohnen und das Kassler in mundgerechte Stücke schneiden und ebenfalls in den Dutch Oven geben.
4. Mit Bohnenkraut, Majoran und Liebstöckel aromatisieren und den Deckel schließen.
5. Die Suppe für 25 Minuten bei 175° Celsius kochen, mit Salz und Pfeffer abschmecken, anrichten und mit Sauerrahm garnieren.

Notizen:_____

_____

_____

Gulaschsuppe

Kalorien: 1332,3 kcal | Eiweiß: 128,4 Gramm | Fett: 34,4 Gramm | Kohlenhydrate: 118,8 Gramm

Für zehn Portionen wird benötigt:

2 Gemüsezwiebel | 8 Knoblauchzehen | 500 Gramm Rinder Oberschale | 2 EL Öl | 1 EL Tomatenmark | 1 EL Paprikapulver edelsüß | 1/2 TL Paprikapulver scharf | 4 EL Apfelessig naturtrüb | 2 Liter Gemüsebrühe | 6 Kartoffeln | 1 Paprika gelb | 1 Paprika grün | 1 Paprika rot | 2 Chili scharf | 2 Lorbeerblätter | 2 TL Majoran getrocknet | 1 TL Kümmel gemahlen | Salz und Pfeffer

Die Zubereitung:

1. Zwiebel und Knoblauch klein schneiden und das Rindfleisch klein würfeln.
2. Alles zusammen mit dem Öl in den Topf geben und anrösten.
3. Tomatenmark und Paprikapulver hinzugeben, mit rösten und mit dem Apfelessig ablöschen.
4. Mit der Brühe aufgießen.
5. Die Kartoffeln würfeln und die Paprika und Chili in Würfel schneiden.

6. Mit den Lorbeerblättern, Majoran und Kümmel in den Black Pot geben, salzen und pfeffern und den Deckel schließen.
7. Für 1,5 Stunden bei 160° Celsius kochen.
8. Zwischenzeitlich immer wieder die Temperatur und die Flüssigkeit kontrollieren und umrühren.

Notizen:_____

_____

_____

_____

_____

Knoblauchsuppe

Kalorien: 1258,1 kcal | Eiweiß: 25,8 Gramm | Fett: 79,8 Gramm | Kohlenhydrate: 83,3 Gramm

Für vier Portionen wird benötigt:

4 Scheiben Toastbrot | 1 Gemüsezwiebel | 10 Knoblauchzehen | 2 EL Butter | 150 Gramm Pastinake | 100 ml Weißwein trocken | 500 ml klare Gemüsebrühe | 2 Lorbeerblätter | Salz und weißer Pfeffer | 200 ml Sahne | 4 EL Kresse zum Bestreuen

Die Zubereitung:

1. Das Toastbrot in kleine Würfel schneiden und in etwas Butter im Black Pot anrösten.
2. Die Croutons aus dem Topf nehmen und zur Seite stellen.
3. Die Zwiebel und den Knoblauch klein schneiden und in der restlichen Butter hell anschwitzen.
4. Die Pastinake würfeln und hinzugeben.
5. Mit dem Weißwein ablöschen und mit der klaren Brühe aufgießen.
6. Lorbeerblätter hinzugeben und mit Salz und weißem Pfeffer würzen.

7. Den Deckel schließen und die Suppe für 20 Minuten bei 175° Celsius kochen.
8. Mit dem Stabmixer pürieren, die Sahne einrühren, abschmecken, anrichten und mit Kresse und Croutons garnieren.

Notizen:_____

_____

_____

_____

_____

Zwiebelsuppe

Kalorien: 628,8 kcal | Eiweiß: 18 Gramm | Fett: 16,7 Gramm | Kohlenhydrate: 53,1 Gramm

Für sechs Portionen wird benötigt:

1 kg Zwiebel | 3 Knoblauchzehen | 2 EL Öl | 50 ml Weinbrand | 100 ml Weißwein | 1,2 Liter klare Gemüsebrühe | 1 EL Majoran getrocknet | 1 TL Oregano getrocknet | 2 Lorbeerblätter | Salz und Pfeffer

Die Zubereitung:

1. Zwiebel und Knoblauch in Streifen schneiden und im Öl goldbraun anbraten.
2. Mit dem Weinbrand und dem Weißwein ablöschen und mit der klaren Brühe aufgießen.
3. Majoran und Oregano sowie Lorbeerblätter hinzugeben, salzen und pfeffern und den Deckel schließen.
4. Für eine Stunde bei 160° Celsius kochen, nach Bedarf abschmecken und anrichten.
5. Du kannst die Suppe zusätzlich mit einem mit Käse überbackenem Toastbrot servieren.
6. Dazu einfach Toast mit Butter bestreichen, mit Käse belegen und im Dutch Oven Deckel rösten bis der Käse zergeht.

Notizen:_____

_____

_____

Kürbissuppe

Kalorien: 739,7 kcal | Eiweiß: 37,2 Gramm | Fett: 46 Gramm | Kohlenhydrate: 22,3 Gramm

Für acht Portionen wird benötigt:

1 Gemüsezwiebel | 800 Gramm Hokkaido Kürbis | 2 EL Butterschmalz | 1 TL Kurkuma gemahlen | 3 EL Weißwein Essig | 1,4 Liter klare Gemüsebrühe | 2 Zweige Thymian | Salz und Pfeffer | 200 Gramm Frischkäse | 4 EL geröstete Kürbiskerne | etwas Kürbiskern öl zum Garnieren

Die Zubereitung:

1. Die Zwiebel und den Kürbis grob klein schneiden und im Butterschmalz goldbraun anrösten.
2. Kurkuma mit rösten und mit dem Essig ablöschen.
3. Mit der klaren Brühe aufgießen, mit Thymian aromatisieren, mit Salz und Pfeffer abschmecken und mit dem Deckel verschließen.
4. Alles für 35 Minuten bei 175° Celsius kochen.
5. Frischkäse einrühren und die Suppe mit dem Stabmixer pürieren, abschmecken, anrichten und mit Kürbiskernen bestreuen und mit Kürbiskern Öl beträufeln.

Notizen:_____
_____
_____

Süßkartoffel Suppe

Kalorien: 1136,8 kcal | Eiweiß: 29,4 Gramm | Fett: 40,4 Gramm | Kohlenhydrate: 139,5 Gramm

Für sechs Portionen wird benötigt:

3 rote Zwiebel | 3 EL Speck gewürfelt | 3 Kartoffeln | 350 Gramm Süßkartoffeln | 2 EL Öl | 100 ml Weißwein halbtrocken | 1,2 Liter klare Gemüsebrühe | 1 TL Ingwer fein gerieben | 1/2 TL Kreuzkümmel gemahlen | Salz und Pfeffer | 200 Gramm saure Sahne | 1/2 Bund Koriander grob gehackt | Abrieb einer halben Bio Zitrone

Die Zubereitung:

1. Die Zwiebel, die Kartoffeln und die Süßkartoffeln würfeln und zusammen mit dem Speck im Dutch Oven im Öl goldbraun anbraten.
2. Mit dem halbtrockenen Weißwein ablöschen und mit der klaren Brühe aufgießen.
3. Mit Ingwer, Kümmel, Salz und Pfeffer würzen und mit dem Deckel verschließen.
4. Für 1 Stunde bei 160° Celsius kochen.
5. Die saure Sahne einrühren und nach Bedarf abschmecken.
6. Du kannst die Suppe pürieren oder stückig servieren.
7. Anrichten und mit Koriander und etwas Zitronenabrieb verfeinern.

Notizen: _____

_____

Fischsuppe

Kalorien: 950,6 kcal | Eiweiß: 107,4 Gramm | Fett: 33,2 Gramm | Kohlenhydrate: 32,7 Gramm

Für sechs Portionen wird benötigt:

2 rote Zwiebel | 1 Möhre | 100 Gramm Sellerie | 1 kleiner Fenchel | 2 EL Butter | 100 ml Weißwein | 1 Liter Fischfond | 4 Tomaten | 300 Gramm Seelachs Filet | 300 Gramm Meeresfrüchte | 1 EL Dill grob gehackt | 1 EL Kerbel grob gehackt | 1 TL Estragon gehackt | Salz und Pfeffer

Die Zubereitung:

1. Zwiebel, Möhre, Sellerie und Fenchel klein schneiden und mit der Butter im Dutch Oven leicht anrösten.
2. Mit dem Weißwein ablöschen und mit dem Fischfond aufgießen.
3. Die Tomaten klein schneiden und den Fisch grob zerkleinern.
4. Alles zusammen mit den Meeresfrüchten, Dill, Kerbel und Estragon in die Suppe geben.
5. Mit Salz und Pfeffer würzen und mit dem Deckel verschließen.
6. Für 30 Minuten bei 175° Celsius kochen und anrichten.

Notizen:_____

_____

_____

Geflügel-Allerlei aus dem Dutch Oven

Spicy Hühnerflügel

Kalorien: 905,6 kcal | Eiweiß: 49,9 Gramm | Fett: 34,1 Gramm | Kohlenhydrate: 93,7 Gramm

Für vier Portionen wird benötigt:

32 Hühner-Flügel | 5 EL Ketchup | 2 EL Tomatenmark | 6 EL Sojasauce | 1 TL Paprikapulver scharf | 1/2 TL Cayenne Pfeffer | 1 TL Ingwer frisch gerieben | 6 EL Ahornsirup

Die Zubereitung:

1. Alle Zutaten außer den Flügeln und dem Ahornsirup vermengen und die Hühnchen damit marinieren.
2. Den Dutch Oven mit Backpapier oder einem Bananenblatt auslegen und die Wings darauf verteilen.
3. Den Deckel schließen und für 40 Minuten bei 160° Celsius garen.
4. Nun die Flügel mit Ahornsirup bepinseln, den Deckel erneut schließen und alles für weitere 10 Minuten bei 205° Celsius fertig braten.

Notizen:_____

_____

_____

Huhn auf karibische Art

Kalorien: 1034,3 kcal | Eiweiß: 143,3 Gramm | Fett: 23,4 Gramm | Kohlenhydrate: 55,9 Gramm

Für vier Portionen wird benötigt:

1 Möhre | 2 Stangen Staudensellerie | 2 rote Zwiebel | 1 gelbe Paprika | 1 grüne Paprika | 1 rote Paprika | 2 EL Butter | 1 TL Curry gelb | 1/2 TL Paprika edelsüß | 2 rote Chili | Saft einer Zitrone | 200 ml Geflügelfond | 200 ml Kokosmilch | Salz und Pfeffer | 12 Innenfilets | 20 Gramm Sojasprossen | 1 Bund Koriander grob gehackt

Die Zubereitung:

1. Das Gemüse klein schneiden und in der Butter zusammen mit dem Curry und dem Paprikapulver sowie den Chilischoten anrösten.
2. Mit dem Zitronensaft ablöschen und mit dem Geflügelfond und der Kokosmilch aufgießen.
3. Salzen und Pfeffern, die Innenfilets einlegen und den Deckel schließen.
4. Für 35 Minuten bei 175° Celsius kochen.
5. Die Sojasprossen und den Koriander einrühren, von der Flamme nehmen und für 5 Minuten durchziehen lassen und anrichten.

Notizen:_____

_____

_____

Hühnchen in Weinsauce

Kalorien: 1253,6 kcal | Eiweiß: 146,7 Gramm | Fett: 50,3 Gramm | Kohlenhydrate: 28,3 Gramm

Für vier Portionen wird benötigt:

1 Zwiebel | 100 Gramm Möhre | 100 Gramm Kohlrabi | 2 EL Butter | 150 ml Weißwein | 400 ml Geflügelfond | 600 Gramm Hühnerbrust ohne Haut | 2 Lorbeerblätter | 100 Gramm Erbsen | 100 ml Sahne | Salz und Pfeffer | 2 EL Schnittlauch gehackt

Die Zubereitung:

1. Zwiebel, Möhre und Kohlrabi in Würfel schneiden und in der Butter anschwitzen.
2. Mit dem Weißwein ablöschen und mit dem Fond aufgießen.
3. Die Hühnchen salzen und pfeffern und gemeinsam mit den Lorbeerblättern in die Sauce legen.
4. Mit dem Deckel verschließen und für 30 Minuten bei 175° Celsius köcheln.
5. Die Sahne einrühren und die Erbsen hinzufügen.
6. Für weitere 5 Minuten ziehen lassen, salzen, pfeffern, anrichten und mit Schnittlauch garnieren.

Notizen: _____

Huhn mit Bambus und Pilzen

Kalorien: 842,9 kcal | Eiweiß: 146,8 Gramm | Fett: 17,1 Gramm | Kohlenhydrate: 20 Gramm

Für vier Portionen wird benötigt:

600 Gramm Hühnerbrust ohne Haut | 2 rote Zwiebel | 2 Knoblauchzehen | 2 EL Sesam Öl | 1 Messerspitze Ingwer fein gerieben | 250 Gramm braune Champignons | 200 Gramm Bambus Sprossen | 1 Spritzer Limettensaft | 4 getrocknete Chili | 300 ml Geflügelfond | 1 EL dicke Sojasauce | 4 Frühlingszwiebel gehackt

Die Zubereitung:

1. Die Hühnerbrust würfeln, Zwiebel und Knoblauch klein schneiden und alles zusammen im Sesam Öl anrösten.
2. Ingwer, in Scheiben geschnittene Champignons und Bambus hinzugeben.
3. Mit Limettensaft und klein gehackten getrockneten Chili abschmecken und mit dem Fond aufgießen.
4. Mit dem Deckel verschließen und für 25 Minuten bei 175° Celsius kochen.
5. Mit der dicken Sojasauce würzen, die gehackten Frühlingszwiebel unterrühren und anrichten.

Notizen:_____

_____

Huhn mit Biersauce

Kalorien: 995,9 kcal | Eiweiß: 153,8 Gramm | Fett: 23,9 Gramm | Kohlenhydrate: 14,1 Gramm

Für vier Portionen wird benötigt:

2 Zwiebel | 3 Knoblauchzehen | 60 Gramm Speck gewürfelt | 100 Gramm Petersilienwurzel | 2 EL Öl | 300 ml dunkles Bier | 200 ml Geflügelfond | 4 Hühner-Schenkel | 10 braune Champignons | 2 Lorbeerblätter | 2 Zweige Thymian | Salz und Pfeffer

Die Zubereitung:

1. Die Zwiebel und den Knoblauch klein schneiden und mit dem Speck anbraten.
2. Die Petersilienwurzel klein schneiden und mit dem Öl hinzugeben.
3. Kurz mit rösten und mit dem Bier ablöschen.
4. Mit dem Fond aufgießen und die Hühner-Schenkel einlegen.
5. Die Champignons würfeln und mit den Lorbeerblättern und dem Thymian ebenfalls hinzufügen, alles salzen und pfeffern und mit dem Deckel verschließen.
6. Bei 175° Celsius für 40 Minuten garen.

Notizen:_____

_____

_____

Crispy Chicken

Kalorien: 1506,9 kcal | Eiweiß: 112,9 Gramm | Fett: 79,1 Gramm | Kohlenhydrate: 75,1 Gramm

Für vier Portionen wird benötigt:

8 untere Hühner-Schenkel | Salz und Pfeffer | 1 TL Paprikapulver scharf | 1 TL Knoblauch-Pulver | 1/2 TL Majoran | 300 ml Buttermilch | 100 Gramm Mehl | 1/2 TL Cayenne Pfeffer | 2 Liter Öl zum Frittieren

Die Zubereitung:

1. Die Hühnerschenkel salzen und pfeffern und mit Paprika, Knoblauch und Majoran einreiben.
2. In der Buttermilch für 30 Minuten marinieren.
3. Das Mehl mit dem Cayenne Pfeffer versieben und die Schenkel gut darin wälzen.
4. Das Öl im Dutch Oven auf 175° Celsius erhitzen und die Schenkel für 30 Minuten frittieren.

Notizen:_____
_____
_____

Vegetarisches aus dem Dutch Oven

Kartoffel Skins

Kalorien: 345,6 kcal | Eiweiß: 7 Gramm | Fett: 8,6 Gramm | Kohlenhydrate: 57,8 Gramm

Für vier Portionen wird benötigt:

4 Kartoffeln | 2 TL Currypaste rot | 2 EL Walnuss Öl | 1 EL Majoran getrocknet | 1 Messerspitze Kreuzkümmel gemahlen | 3 Knoblauchzehen gehackt | etwas Meersalz nach Bedarf

Die Zubereitung:

1. Die Kartoffeln gut waschen und abbürsten und trocknen.
2. Samt der Schale und Spalten schneiden.
3. Das Walnuss Öl mit dem Majoran, Kümmel und Knoblauch vermengen und die Kartoffelspalten damit einreiben.
4. Den Dutch Oven mit Backpapier auslegen, die Kartoffeln darauf verteilen und den Deckel schließen.
5. Für 40 Minuten bei 175° Celsius backen und nach Bedarf mit Meersalz würzen.

Notizen:_____

_____

_____

Kichererbsen Gulasch

Kalorien: 1131,8 kcal | Eiweiß: 44,1 Gramm | Fett: 29,1 Gramm | Kohlenhydrate: 166 Gramm

Für vier Portionen wird benötigt:

1 Gemüsezwiebel | 2 Knoblauchzehen | 3 Kartoffeln | 2 EL Öl | 1 EL Tomatenmark | 1 EL Paprikapulver edelsüß | 400 Gramm Dosentomaten | 200 ml klare Gemüsebrühe | 400 Gramm Kichererbsen aus der Dose | 1 EL Oregano getrocknet | 1 Messerspitze Kümmel gemahlen | Salz und Pfeffer | 1 Prise Zucker

Die Zubereitung:

1. Zwiebel, Knoblauch und Kartoffeln klein schneiden und im Öl anrösten.
2. Tomatenmark und Paprikapulver hinzugeben und mit rösten.
3. Mit den Dosentomaten und der klaren Brühe aufgießen, durchrühren und die Kichererbsen ebenfalls in den Topf geben.
4. Mit Oregano, Kümmel, Salz, Pfeffer und Zucker abschmecken und mit dem Deckel verschließen.
5. Für 30 Minuten bei 175° Celsius kochen.

Notizen:_____

_____

_____

Stuffed Avocado

Kalorien: 577 kcal | Eiweiß: 22,2 Gramm | Fett: 43,3 Gramm | Kohlenhydrate: 20,4 Gramm

Für zwei Portionen wird benötigt:
2 Avocados | 1/2 rote Zwiebel | 2 Tomaten | 2 Erdbeeren | 100 Gramm Schafskäse | 2 EL Basilikum grob gehackt | Saft einer Limette

Die Zubereitung:

1. Die Avocados halbieren, entkernen und vorsichtig das Fruchtfleisch herauskratzen und zerdrücken.
2. Tomaten, Erdbeeren und Schafskäse klein schneiden und mit Basilikum und Limettensaft vermengen.
3. Unter die zerdrückte Avocado mischen und die Avocados mit der Masse füllen.
4. In den Dutch Oven legen und mit dem Deckel verschließen.
5. Für 20 Minuten bei 175° Celsius backen.

Notizen:

Ratatouille aus der Outdoor Küche

Kalorien: 369,5 kcal | Eiweiß: 19,5 Gramm | Fett: 4,2 Gramm | Kohlenhydrate: 61,2 Gramm

Für vier Portionen wird benötigt:

500 Gramm Paprika tricolore | 2 Zucchini | 2 rote Zwiebel | 3 Knoblauchzehen | 1 Aubergine | 500 Gramm Dosentomaten gewürfelt | 1 TL Oregano getrocknet | 1 TL Majoran getrocknet | 1/2 Bund Basilikum grob gehackt | 1 TL Zucker | Salz und Pfeffer

Die Zubereitung:

1. Paprika, Zucchini, Zwiebel, Knoblauch und Aubergine klein schneiden und mit den Dosentomaten in den Black Pot geben.
2. Mit Oregano, Majoran, Basilikum, Zucker, Salz und Pfeffer würzen und mit dem Deckel verschließen.
3. Bei 175° Celsius für 30 Minuten köcheln.

Notizen: _____
_____
_____

Kalorien: 336,6 kcal | Eiweiß: 34 Gramm | Fett: 2,9 Gramm | Kohlenhydrate: 41,6 Gramm

Für vier Portionen wird benötigt:

2 Möhren | 120 Gramm Sellerie | 120 Gramm Kohlrabi | 120 Gramm Pastinake | 1 Gemüsezwiebel | 100 Gramm Blumenkohl | 1/2 Lauch | 600 ml klare Gemüsebrühe | 1 Zweig Rosmarin | 1 Zweig Thymian | 2 Lorbeerblätter | 200 Gramm Frischkäse | Salz und Pfeffer

Die Zubereitung:

1. Das Gemüse in etwa gleich große Stücke schneiden und zusammen mit der Brühe, Rosmarin, Thymian und Lorbeerblätter in den Dutch Oven geben.
2. Mit dem Deckel verschließen und für 25 Minuten bei 175° Celsius kochen.
3. Den Frischkäse einrühren, mit Salz und Pfeffer abschmecken und anrichten.

Notizen:_____

_____

_____

Knusprige Kartoffelpuffer

Kalorien: 814,8 kcal | Eiweiß: 19,6 Gramm | Fett: 30,4 Gramm | Kohlenhydrate: 110,2 Gramm

Für vier Portionen wird benötigt:

4 rohe Kartoffeln | 4 gekochte Kartoffeln | 1 TL Majoran getrocknet | 1/2 TL Kümmel gemahlen | 1 Messerspitze Paprikapulver scharf | 1 Prise Muskat | Salz und Pfeffer | 2 Eidotter | 3 EL Butter zum Braten

Die Zubereitung:

1. Die Kartoffeln reiben und mit dem Majoran, Kümmel, Paprika, Muskat, Salz, Pfeffer und Eidotter vermengen.
2. Mit feuchten Händen zu Puffern formen und diese im Deckel des Dutch Ovens in etwas Butter für 5 Minuten pro Seite bei etwa 175° Celsius backen.

Notizen:_____
_____
_____

Easy Popcorn

Kalorien: 575,2 kcal | Eiweiß: 13,2 Gramm | Fett: 21,6 Gramm | Kohlenhydrate: 78 Gramm

Für vier Portionen wird benötigt:

3 EL Butter | 1 TL Salz | 1 TL Zucker | 100 Gramm Popcorn Körner

Die Zubereitung:

1. Die Butter mit den Maiskörnern in den Topf geben und den Deckel schließen.
2. Bei 175° Celsius für etwa 3 Minuten braten.
3. Den Deckel öffnen, sobald kein Poppen mehr zu hören ist.
4. Mit Salz und Zucker würzen, gut durchrühren und als Snack am Lagerfeuer genießen.

Notizen:_____
_____
_____

Sauerkraut Pot

Kalorien: 851,7 kcal | Eiweiß: 19,4 Gramm | Fett: 58,8 Gramm | Kohlenhydrate: 55 Gramm

Für vier Portionen wird benötigt:

2 große Zwiebel | 2 Knoblauchzehen | 1 EL Butter | 1 EL Zucker | 1 TL Paprikapulver edelsüß | 2 grüne Paprika | 1 rote Paprika | 1/2 TL Ingwer fein gerieben | 500 Gramm Sauerkraut | 300 ml Gemüsebrühe | 1 Kartoffel fein gerieben | 200 Gramm Schmand | Salz und Pfeffer | 1/2 TL Kreuzkümmel gemahlen | 1/2 TL Bockshornklee Samen

Die Zubereitung:

1. Zwiebel und Knoblauch klein schneiden und im Butter glasig anschwitzen.
2. Zucker und Paprikapulver hinzugeben und kurz mit rösten.
3. Paprika in Streifen schneiden und zusammen mit Ingwer und Sauerkraut ebenfalls in den Topf geben.
4. Mit der Brühe aufgießen, die Kartoffel zur Bindung einrühren, mit Salz, Pfeffer, Kümmel und Bockshornklee Samen würzen und mit dem Deckel verschließen.
5. Für 30 Minuten bei 175° Celsius köcheln lassen, den Schmand einrühren und anrichten.

Notizen:

Dutch Oven
Spezialitäten US-Style

Chili con Carne

Kalorien: 1654 kcal | Eiweiß: 117,5 Gramm | Fett: 89,9 Gramm | Kohlenhydrate: 82,1 Gramm

Für vier Portionen wird benötigt:

500 Gramm Rinder-Hackfleisch | 2 Zwiebel | 4 Knoblauchzehen | 2 EL Öl | 2 EL Tomatenmark | 1 EL Paprikapulver | 400 Gramm passierte Tomaten | 2 Dosen Kidney Bohnen | 300 Gramm Mais | 1 rote Paprika | 1 grüne Paprika | 4 Chili | 1/2 TL Ingwer fein gerieben | 1 EL Majoran getrocknet | 1/2 TL Kreuzkümmel | Salz und Pfeffer

Die Zubereitung:

1. Zwiebel und Knoblauch klein schneiden und mit dem Hackfleisch im Topf goldbraun anrösten.
2. Tomatenmark und Paprika mit rösten und mit den passierten Tomaten aufgießen.
3. Kidney Bohnen und Mais hinzugeben, Paprika und Chili klein schneiden und ebenfalls hinzugeben.
4. Mit Ingwer, Majoran, Kümmel, Salz und Pfeffer würzen und mit dem Deckel verschließen.
5. Für 80 Minuten bei 175° Celsius kochen.

Notizen:

Jambalaya

Kalorien: 1919,8 kcal | Eiweiß: 138 Gramm | Fett: 49,8 Gramm | Kohlenhydrate: 217,1 Gramm

Für vier Portionen wird benötigt:

300 Gramm Hühnerbrust ohne Haut | 1 rote Zwiebel | 100 Gramm Chorizo | 1 EL Olivenöl | 1 rote Paprika | 1 gelbe Paprika | 1 Zucchini | 1 EL Cajun Gewürz | 400 Gramm passierte Tomaten | 350 ml klare Gemüsebrühe | 250 Gramm ungekochter Reis | Salz und Pfeffer | 120 Gramm Garnelen ohne Kopf und Schale

Die Zubereitung:

1. Huhn, Zwiebel und Chorizo klein schneiden und im Olivenöl goldbraun anbraten.
2. Die Paprikas und die Zucchini in Streifen schneiden und mit dem Cajun Gewürz beimengen.
3. Mit passierten Tomaten und Gemüsebrühe aufgießen.
4. Reis und Garnelen hinzugeben, salzen und pfeffern und mit dem Deckel verschließen.
5. Alles für 30 Minuten bei 175° Celsius kochen. Zwischendurch unbedingt die Flüssigkeit kontrollieren.

Notizen:_____

_____

_____

Louisiana Schmortopf

Kalorien: 1365,1 kcal | Eiweiß: 160,4 Gramm | Fett: 64,2 Gramm | Kohlenhydrate: 26,8 Gramm

Für vier Portionen wird benötigt:

150 Gramm Chili-Salami | 50 Gramm Bacon | 2 Zwiebel | 4 Knoblauchzehen | 2 EL Olivenöl | 1 EL Tomatenmark | 1 TL Paprikapulver | 3 EL Mehl | 800 ml klare Gemüsebrühe | 1 Paprika grün | 1 kleine Aubergine | 6 grüne Tomaten | 500 Gramm Catfish Filet | 2 Chili fein gehackt | 1 TL Oregano getrocknet | 1 TL Majoran | 1/2 TL Fenchelsamen | 100 Gramm Garnelen | Salz und Pfeffer

Die Zubereitung:

1. Die Salami, den Bacon, Zwiebel und Knoblauch klein würfeln und im Olivenöl goldbraun anschwitzen.
2. Tomatenmark und Paprika mit rösten und das Mehl einrühren.
3. Mit der Brühe aufgießen.
4. Paprika, Aubergine und Tomaten klein schneiden, den Catfisch in mundgerechte Stücke schneiden und alles zusammen in den Topf geben.
5. Mit Chili, Oregano, Majoran, Fenchelsamen, Salz und Pfeffer abschmecken, die Garnelen hinzugeben und mit dem Deckel verschließen.
6. Den Schmortopf für 35 Minuten bei 175° Celsius kochen.

Notizen:_____

Hawaii Pot

Kalorien: 1533,3 kcal | Eiweiß: 146,7 Gramm | Fett: 75,1 Gramm | Kohlenhydrate: 56,9 Gramm

Für vier Portionen wird benötigt:

400 Gramm Putenbrust | 2 rote Zwiebel | 2 EL Öl | 200 Gramm Putenschinken | 1 Möhre | 2 Stangen Staudensellerie | 1 TL Curry gelb | Saft einer Zitrone | 300 ml Gemüsebrühe | 300 Gramm Ananas | 1 TL Oregano | 1 Messerspitze Cayenne Pfeffer | Meersalz | 200 ml Kokosmilch

Die Zubereitung:

1. Die Putenbrust und die Zwiebel würfeln und im Öl anbraten.
2. Putenschinken, Möhre und Staudensellerie klein schneiden und zusammen mit dem Curry hinzufügen.
3. Mit dem Zitronensaft ablöschen und mit der Brühe aufgießen.
4. Die Ananas würfeln und in den Black Pot geben.
5. Mit Oregano, Cayenne Pfeffer und Meersalz würzen, mit Kokosmilch verfeinern und mit dem Deckel verschließen.
6. Für 30 Minuten bei 175° Celsius schmoren.

Notizen:

Chili Brisket

Kalorien: 1445,2 kcal | Eiweiß: 217,8 Gramm | Fett: 49,4 Gramm | Kohlenhydrate: 22,7 Gramm

Für vier Portionen wird benötigt:

1 kg Rinderbrust | 2 Schalotten | 4 Knoblauchzehen | 3 Chili scharf | 1/2 Stange Zitronengras | 1 EL Senfkörner | 1 TL Fenchelsamen | 1 Kardamom Kapsel | 1 TL Meersalz | 1 TL Paprikapulver scharf | Abrieb einer Limette | 2 Möhren | 1 Petersilienwurzel | 1/2 Lauch | 2 Gewürznelken | 600 ml klare Rindsuppe

Die Zubereitung:

1. Schalotten, Knoblauch, Chili, Zitronengras, Senfkörner, Fenchelsamen, Kardamom Kapsel, Meersalz, Paprikapulver und Limettenabrieb im Mixer zerkleinern und die Rinderbrust damit dick einreiben.
2. Das Fleisch am besten über Nacht marinieren.
3. Die Möhren, Petersilienwurzel und Lauch klein schneiden und mit dem Fleisch und den Gewürznelken und in die Suppe geben.
4. Für 90 Minuten bei 175° Celsius kochen, aus dem Sud nehmen, anschneiden.
5. Die Flüssigkeit pürieren und zum Fleisch anrichten.

Notizen:_____

_____

_____

Surf and Turf

Kalorien: 1428,3 kcal | Eiweiß: 213,6 Gramm | Fett: 55,7 Gramm | Kohlenhydrate: 8,5 Gramm

Für vier Portionen wird benötigt:

800 Gramm Rinderfilet | Salz und Steak-Pfeffer | 3 EL Butterschmalz | 2 Zweige Rosmarin | 2 Zweige Thymian | 16 Stangen grüner Spargel | 8 Garnelen | 2 EL Petersilie gehackt | Saft einer Zitrone

Die Zubereitung:

1. Das Fleisch in vier schöne Steaks schneiden und gut mit Salz und Steak-Pfeffer würzen.
2. Das Butterschmalz mit dem Rosmarin, Thymian und dem in 2 cm lange Stücke geschnittenen Spargel in den Black Pot geben.
3. Darauf die Steaks legen und von jeder Seite für 2 Minuten braten.
4. Die Garnelen hinzugeben, den Deckel verschließen und alles für 5 Minuten bei 200° Celsius garen lassen.
5. Mit Zitronensaft aromatisieren und mit Petersilie bestreuen und anrichten.

Notizen: _____

_____

_____

Lamm Steaks

Kalorien: 1421,8 kcal | Eiweiß: 165,4 Gramm | Fett: 71,4 Gramm | Kohlenhydrate: 19,5 Gramm

Für vier Portionen wird benötigt:

1,2 Kg Lammsteaks | 1 EL Senf | Salz und Pfeffer | 2 EL Olivenöl | 1/2 Bund Petersilie gehackt | 1/2 Bund Koriander gehackt | 2 EL Estragon gehackt | 200 Gramm Sellerie | 1 Zweig Rosmarin | 400 ml Gemüsebrühe | 2 EL dunkle Sojasauce | 1 EL Balsamico

Die Zubereitung:

1. Das Lamm mit Senf bestreichen, salzen und pfeffern und im Deckel für 2 Minuten pro Seite an grillen.
2. Die Kräuter vermengen und das Fleisch darin wälzen.
3. Sellerie klein schneiden und mit der Brühe in den Dutch Oven geben.
4. Das Fleisch einlegen, mit Sojasauce und Balsamico Essig würzen und mit dem Deckel verschließen.
5. Für 30 Minuten bei 160° Celsius garen.

Notizen:_____

_____

_____

Mac and Cheese aus dem Dutch Oven

Kalorien: 3529,1 kcal | Eiweiß: 205,8 Gramm | Fett: 210,2 Gramm | Kohlenhydrate: 178,2 Gramm

Für vier Portionen wird benötigt:

2 Zwiebel | 50 Gramm Butter | 30 Gramm Mehl | 500 ml Milch | Salz und Pfeffer | 500 Gramm Makkaroni ungekocht | 200 Gramm Cheddar gerieben | 350 Gramm Gouda gerieben | 50 Gramm Parmesan

Die Zubereitung:

1. Die Zwiebeln klein schneiden und in der Butter glasig anschwitzen.
2. Mit dem Mehl stauben und mit der Milch aufgießen.
3. Mit dem Schneebesen gut durchrühren, damit keine Klümpchen entstehen.
4. Salzen und pfeffern, Makkaroni und Käse einrühren und den Deckel schließen.
5. Für 15 Minuten bei 160° Celsius kochen und zwischendurch unbedingt die Flüssigkeit kontrollieren.

Notizen:_____

_____

_____

Bohnentopf

Kalorien: 1356,3 kcal | Eiweiß: 112,2 Gramm | Fett: 54,7 Gramm | Kohlenhydrate: 94,6 Gramm

Für vier Portionen wird benötigt:

100 Gramm Bacon gewürfelt | 2 Zwiebel | 2 EL Öl | 2 EL Tomatenmark | 2 EL Honig | 1 Tasse Kaffee | 400 Gramm passierte Tomaten | 300 Gramm Kassler | 500 Gramm Kidney Bohnen | 2 EL Ajver | Salz und Pfeffer

Die Zubereitung:

1. Die Zwiebel klein schneiden und mit dem Bacon im Öl anbraten.
2. Mit Tomatenmark und Honig verfeinern und mit dem Kaffee ablöschen.
3. Mit den passierten Tomaten aufgießen.
4. Kassler würfeln und zusammen mit den Bohnen in den Black Pot geben.
5. Mit Ajver, Salz und Pfeffer würzen und den Deckel schließen.
6. Für 30 Minuten bei 175° Celsius kochen.

Notizen:_____
_____
_____

Maple Chicken
Huhn mit Ahornsirup

Kalorien: 1343,3 kcal | Eiweiß: 109,2 Gramm | Fett: 83,2 Gramm | Kohlenhydrate: 29,7 Gramm

Für vier Portionen wird benötigt:

4 Hühner-Schenkel | Salz und Pfeffer | 1/2 TL Paprikapulver scharf | 1 TL Thymian getrocknet | 1 EL Öl | 3 EL Ahornsirup | 3 Zitronen | 3 Zweige Rosmarin

Die Zubereitung:

1. Die Hühnerschenkel mit Salz, Pfeffer, Thymian und Ahornsirup dick einreiben.
2. Die Zitronen in Scheiben schneiden und in den Topf geben.
3. Mit Öl und Rosmarin bedecken und die Schenkel darauf legen.
4. Für 40 Minuten bei 175° Celsius braten.

Notizen:_____
_____
_____

Schichtfleisch

Kalorien: 5609,1 kcal | Eiweiß: 663,2 Gramm | Fett: 244 Gramm | Kohlenhydrate: 137,5 Gramm

Für zehn Portionen wird benötigt:

3 kg Kalbsnacken | BBQ-Rub Trockenmarinade | 300 Gramm Speckscheiben | 3 Zwiebel | 3 Äpfel | 250 ml BBQ-Sauce | 200 ml Weizenbier

Die Zubereitung:

1. Alle Zutaten stückig schneiden.
2. Das Fleisch mit der Marinade einreiben und durchziehen lassen.
3. Alles in den Topf geben und mit BBQ-Sauce und Weizenbier übergießen.
4. Mit dem Deckel verschließen und für 2,5 Stunden bei 175° Celsius garen.

Notizen:

Hackbraten

Kalorien: 1864,9 kcal | Eiweiß: 150,8 Gramm | Fett: 112,4 Gramm | Kohlenhydrate: 49 Gramm

Für vier Portionen wird benötigt:

600 Gramm Hackfleisch | 2 Zwiebel gehackt | 1 TL Knoblauchpulver | 2 Eier | 1 EL Senf | 2 EL Ketchup | Salz und Pfeffer | 100 Gramm Speck Scheiben | 100 ml BBQ-Sauce

Die Zubereitung:

1. Hackfleisch mit Zwiebel, Knoblauch, Eier, Senf, Ketchup, Salz und Pfeffer verkneten und zu einem Hackbraten formen.
2. Den Dutch Oven mit Backpapier auslegen.
3. Den Hackbraten mit Speck umwickeln und mit BBQ-Sauce einstreichen.
4. In den Topf legen und den Deckel schließen.
5. Bei 175° Celsius für 45 Minuten backen.

Notizen:_____

_____

_____

Burger

Kalorien: 1262,3 kcal | Eiweiß: 166,5 Gramm | Fett: 62,3 Gramm | Kohlenhydrate: 0 Gramm

Für vier Portionen wird benötigt:

720 Gramm Rinderhackfleisch | 1/2 TL Salz | 1 TL Knoblauchpulver | 1 TL Paprikapulver geräuchert | Pfeffer | 2 EL Öl | 4 Scheiben Cheddar

Die Zubereitung:

1. Das Hackfleisch mit den Gewürzen verkneten und mit feuchten Händen zu Patties formen.
2. Die Patties im Deckel in Öl braten.
3. Zuerst für 3 Minuten auf der ersten Seite braten, wenden, mit Cheddar belegen und für weitere 3 Minuten bei 175° Celsius braten.

Notizen:_____
_____
_____

Kalorien: 1126,4 kcal | Eiweiß: 68,3 Gramm | Fett: 65,4 Gramm | Kohlenhydrate: 58,2 Gramm

Für vier Portionen wird benötigt:

1 Zwiebel | 2 Knoblauchzehen | 100 Gramm Salami | 100 Gramm Lyoner | 100 Gramm Bierschinken | 4 gekochte Kartoffeln | 2 EL Butterschmalz | Majoran | Kümmel | Salz und Pfeffer

Die Zubereitung:

1. Alle Zutaten klein schneiden und im Butterschmalz braten.
2. Mit Majoran, Kümmel, Salz und Pfeffer würzen und bei geschlossenem Deckel für 10 Minuten bei 175° Celsius braten.

Notizen:_____
_____
_____

Steak mit Cranberries

Kalorien: 2105 kcal | Eiweiß: 163 Gramm | Fett: 120,5 Gramm | Kohlenhydrate: 55,9 Gramm

Für vier Portionen wird benötigt:

4 Rib Eye Steak | Salz und Pfeffer | 2 EL Öl | 50 Gramm Cranberries | 2 Zwiebel klein geschnitten | 2 EL Balsamico Essig | 1 EL Honig | 300 ml dunkles Bier | 100 ml Rindsuppe | etwas Sojasauce

Die Zubereitung:

1. Das Fleisch salzen und pfeffern und im Öl im Black Pot für 2 Minuten anbraten und wenden.
2. Die restlichen Zutaten hinzugeben und den Deckel schließen.
3. Für 20 Minuten bei 160° Celsius garen.

Notizen:_____
_____
_____

Süßkartoffel Kürbis Mash

Kalorien: 1492 kcal | Eiweiß: 16,7 Gramm | Fett: 103,9 Gramm | Kohlenhydrate: 111,5 Gramm

Für vier Portionen wird benötigt:

200 Gramm Süßkartoffeln | 400 Gramm Kürbis | 4 Knoblauchzehen | 200 ml Sahne | 200 ml Gemüsebrühe | Salz und Pfeffer | etwas Majoran | 1 Prise Muskat

Die Zubereitung:

1. Süßkartoffeln, Kürbis und Knoblauch grob schneiden und mit der Sahne und der Brühe im Black Pot für 35 Minuten bei 160° Celsius kochen.
2. Mit dem Kartoffel-Stampfer zerdrücken und mit Salz, Pfeffer, Majoran und Muskat abschmecken.

Notizen:_____
_____
_____

Eintöpfe - heiß und sättigend

Eintopf mit Huhn, Kokos und Ananas

Kalorien: 1078,5 kcal | Eiweiß: 142,4 Gramm | Fett: 11,6 Gramm | Kohlenhydrate: 94,3 Gramm

Für vier Portionen wird benötigt:

600 Gramm Hühnerbrust | 3 Stangen Staudensellerie | 1 Kohlrabi | 300 Gramm Ananas | 1 EL Currypulver gelb | 1/2 TL Paprikapulver scharf | 2 EL Sojasauce | 200 ml Geflügelfond | 400 ml Kokosmilch | 1 Bund Frühlingszwiebel gehackt | 1/2 Bund Koriander gehackt

Die Zubereitung:

1. Alle Zutaten in mundgerechte Stücke schneiden, in den Dutch Oven geben und mit dem Deckel verschließen.
2. Für 35 Minuten bei 160° Celsius kochen.

Notizen: _____

_____

_____

Hackfleisch Eintopf

Kalorien: 2066,6 kcal | Eiweiß: 141,1 Gramm | Fett: 93 Gramm | Kohlenhydrate: 151,9 Gramm

Für vier Portionen wird benötigt:

1 Zwiebel gehackt | 500 Gramm Hackfleisch | 2 EL Öl | 3 Möhren in Würfel | 5 rohe gewürfelte Kartoffel | 1/2 Lauch in Scheiben | 1/2 Spitzkohl geraspelt | 700 Gramm gewürfelte Tomaten | 300 ml Rindsuppe | 200 Gramm saure Sahne | 3 EL Ajver | 1 Messerspitze Cayenne Pfeffer | etwas Meersalz | etwas Oregano

Die Zubereitung:

1. Zwiebel und Hackfleisch im Öl anbraten und danach alle Zutaten hinzugeben.
2. Mit dem Deckel verschließen und für 60 Minuten bei 160° Celsius kochen.

Notizen:_____
_____
_____

Rote Beete Eintopf

Kalorien: 959,2 kcal | Eiweiß: 27,9 Gramm | Fett: 14,6 Gramm | Kohlenhydrate: 173,1 Gramm

Für vier Portionen wird benötigt:

500 Gramm rote Beete | 500 Gramm Kartoffeln | 1 Kohlrabi | 200 Gramm Weißkraut | 5 cm Ingwer frisch gerieben | 1 Liter Gemüsebrühe | Salz und Pfeffer | 1 Packung Vanillezucker | 2 Lorbeerblätter | 100 Gramm Sahne Meerrettich | 1/2 Bund Kerbel gehackt

Die Zubereitung:

1. Rote Beete, Kartoffeln, Kohlrabi und Weißkraut klein schneiden und mit allen Zutaten außer dem Meerrettich und dem Kerbel in den Topf geben.
2. Mit dem Deckel verschließen und für 35 Minuten bei 175° Celsius kochen.
3. Zuletzt den Sahne Meerrettich und den Kerbel einrühren und anrichten.

Notizen:_____
_____
_____

Eintopf mit Rindfleisch und Zwiebel

Kalorien: 2040,9 kcal | Eiweiß: 234,1 Gramm | Fett: 67,5 Gramm | Kohlenhydrate: 96,7 Gramm

Für vier Portionen wird benötigt:

1 kg Rinder-Oberschale | 1 kg Zwiebel | 1 Knolle Knoblauch | Salz und Pfeffer | 3 EL Öl | 400 ml Bier | 500 ml Rindsuppe | 1 EL Majoran | 1 TL Kümmel | 4 Zweige Thymian | 4 Zweige Rosmarin | 2 EL Maismehl | 4 EL Sauerrahm

Die Zubereitung:

1. Das Fleisch und den Zwiebel in Streifen schneiden und den Knoblauch im Ganzen lassen.
2. Alles im Öl anbraten, salzen und pfeffern und mit Bier und Rindsuppe aufgießen.
3. Mit Majoran, Kümmel und Rosmarin würzen und mit dem Deckel verschließen.
4. Für eine Stunde bei 175° Celsius schmoren lassen.
5. Das Maismehl einrühren, anrichten und mit Sauerrahm garnieren.

Notizen:_____

_____

_____

Südafrikanische Ribollita

Kalorien: 1099,1 kcal | Eiweiß: 43,5 Gramm | Fett: 6,1 Gramm | Kohlenhydrate: 210,8 Gramm

Für vier Portionen wird benötigt:

1 Gemüsezwiebel | 4 Möhren | 4 Kartoffeln | 500 Gramm Spitzkohl | 100 Gramm Petersilienwurzeln | 400 Gramm Tomaten | 400 ml Gemüsebrühe | 3 TL Chakalaka-Gewürz | 1 Dose Kidney Bohnen | 6 Scheiben altes Brot

Die Zubereitung:

1. Das Gemüse klein schneiden und in den Topf legen.
2. Mit den Bohnen bedecken, würzen und mit dem Brot abschließen.
3. Mit der Brühe übergießen und mit dem Deckel verschließen.
4. Für 50 Minuten bei 175° Celsius schmoren.

Notizen:_____
_____
_____

Ungarisches Gulasch

Kalorien: 2599,7 kcal | Eiweiß: 215,5 Gramm | Fett: 157,1 Gramm | Kohlenhydrate: 62,1 Gramm

Für vier Portionen wird benötigt:

1 kg Rinder-Wade | 1 kg Zwiebel | 4 Knoblauchzehen | 3 EL Öl | 2 EL Tomatenmark | 3 TL Paprikapulver geräuchert | 1 TL Paprikapulver scharf | 50 ml Apfelessig | 1,5 l Rindsuppe | Majoran | Kümmel gemahlen | 2 Lorbeerblätter | Salz und Pfeffer

Die Zubereitung:

1. Das Fleisch in 2 cm große Würfel schneiden, Zwiebel und Knoblauch hacken und alles im Öl goldbraun anrösten.
2. Tomatenmark und Paprikapulver mit rösten und mit dem Apfelessig ablöschen.
3. Mit der Suppe aufgießen und mit Majoran, Kümmel, Lorbeerblättern, Salz und Pfeffer würzen.
4. Mit dem Deckel verschließen und für 2,5 Stunden bei 160° Celsius kochen.
5. Unbedingt immer wieder die Flüssigkeit kontrollieren.

Notizen: _____
_____
_____

Indischer Eintopf

Kalorien: 1451,5 kcal | Eiweiß: 54,9 Gramm | Fett: 30,3 Gramm | Kohlenhydrate: 230,3 Gramm

Für vier Portionen wird benötigt:

2 Zwiebel | 1 EL Ingwer frisch gerieben | 2 EL Öl | 1 EL Curry gelb | 1 TL Garam Masala Gewürz | 1 Messerspitze Kardamom gemahlen | etwas Kreuzkümmel gemahlen | 500 Gramm Kartoffeln | 100 Gramm Blumenkohl | 1 Dose geschälte Tomaten | 1 Dose Kichererbsen | 1 Dose weiße Bohnen | 200 ml Kokosmilch | 250 Gramm Blattspinat | Salz und Pfeffer

Die Zubereitung:

1. Zwiebel klein hacken und mit dem Ingwer im Öl anschwitzen.
2. Die Gewürze kurz mit rösten.
3. Kartoffeln und Blumenkohl klein schneiden und zusammen mit den Tomaten, Kichererbsen und Bohnen in den Black Pot geben.
4. Mit Kokosmilch aufgießen und mit dem Deckel verschließen.
5. Für 40 Minuten bei 160° Celsius kochen.
6. Von der Hitze nehmen, den gehackten Blattspinat einrühren, mit Salz und Pfeffer abschmecken, für 8 Minuten ziehen lassen und anrichten.

Notizen:

Linseneintopf

Kalorien: 1092,1 kcal | Eiweiß: 72,6 Gramm | Fett: 15,8 Gramm | Kohlenhydrate: 157,8 Gramm

Für vier Portionen wird benötigt:

2 Zwiebel | 1 TL Currypaste rot | 800 ml Gemüsebrühe | 200 Gramm rote Linsen | 4 Stangen Staudensellerie | 2 kleine Kohlrabi | 2 EL Acuka Gewürzpaste | 100 ml Sauerrahm | 1 Bund Schnittlauch-Röllchen

Die Zubereitung:

1. Zwiebel klein schneiden und in der Currypaste anrösten.
2. Mit der Brühe aufgießen.
3. Linsen und geschnittenen Staudensellerie und Kohlrabi hinzugeben.
4. Mit Acuka würzen und mit dem Deckel verschließen.
5. Für 35 Minuten bei 160° Celsius kochen, den Sauerrahm und den Schnittlauch einrühren und anrichten.

Notizen:_____

_____

_____

Beuschel nach Wiener Art

Kalorien: 2047,4 kcal | Eiweiß: 141 Gramm | Fett: 113,8 Gramm | Kohlenhydrate: 100,1 Gramm

Für vier Portionen wird benötigt:

200 Gramm Rinderherz gekocht | 400 Gramm Rinderlunge gekocht | 1 Zwiebel | 3 Knoblauchzehen | 3 Gewürzgurken | 2 EL Kapern | 1 TL Sardellenpaste | Abrieb einer Zitrone | 60 ml Öl | 60 Gramm Mehl | 50 ml Essig | 800 ml Rindsuppe | 2 EL Gin | 1 TL Thymian | 1 TL Majoran | 1 Messerspitze Nelkenpulver | 1 EL Senf | Salz und Pfeffer | 100 Gramm saure Sahne

Die Zubereitung:

1. Herz und Lunge in dünne Streifen schneiden, Zwiebel, Knoblauch und Gewürzgurken klein schneiden und Kapern hacken.
2. Zusammen mit der Sardellenpaste und dem Abrieb im Öl anrösten.
3. Mit dem Mehl stäuben und mit dem Essig ablöschen.
4. Mit der Suppe und dem Gin aufgießen und mit Thymian, Majoran, Nelkenpulver, Senf, Salz und Pfeffer würzen und mit dem Deckel verschließen.
5. Für 50 Minuten bei 160° Celsius kochen.
6. Die saure Sahne einrühren, abschmecken und anrichten.

Notizen:_____

Züricher Geschnetzeltes

Kalorien: 1823,1 kcal | Eiweiß: 167,9 Gramm | Fett: 101 Gramm | Kohlenhydrate: 31,2 Gramm

Für vier Portionen wird benötigt:

600 Gramm Kalbsnuß | 1 Zwiebel | 1 Kalbsniere | 2 EL Öl | 100 ml Weißwein | 300 ml Kalbsfond | 500 Gramm braune Champignons | Salz und Pfeffer | Thymian | 200 ml Sahne | 1 Bund Petersilie gehackt

Die Zubereitung:

1. Kalbfleisch, Zwiebel und Niere klein schneiden und im Öl goldbraun anrösten.
2. Mit dem Weißwein ablöschen und mit dem Kalbsfond aufgießen.
3. Die Champignons blättrig schneiden und hinzu geben.
4. Mit Salz, Pfeffer und Thymian würzen und mit dem Deckel verschließen.
5. Für 35 Minuten bei 175° Celsius kochen.
6. Die Sahne einrühren, anrichten und mit der Petersilie bestreuen.

Notizen:_____

_____

_____

Boeuf Stroganoff

Kalorien: 2290,8 kcal | Eiweiß: 154,1 Gramm | Fett: 162,4 Gramm | Kohlenhydrate: 36,4 Gramm

Für vier Portionen wird benötigt:

720 Gramm Rinderfilet | 4 rote Zwiebel | 2 EL Öl | 1 rote Bete gekocht | 8 Gewürzgurken | 500 Gramm Pfifferlinge | 1 EL Senf | 300 ml Rindsuppe | 200 Gramm saure Sahne | Salz und Pfeffer | 1 Prise Zucker

Die Zubereitung:

1. Das Fleisch und die Zwiebel im Öl anschwitzen.
2. Die rote Bete, die Gewürzgurken und die Pfifferlinge klein schneiden und zusammen mit dem Senf mit rösten.
3. Mit der Suppe aufgießen und mit dem Deckel verschließen.
4. Für 25 Minuten bei 175° Celsius kochen.
5. Die saure Sahne einrühren, mit Salz, Pfeffer und Zucker abschmecken und anrichten.

Notizen:_____
_____
_____

Eintopf mit Kartoffeln und Wurst

Kalorien: 2488,5 kcal | Eiweiß: 118,7 Gramm | Fett: 144,3 Gramm | Kohlenhydrate: 160,9 Gramm

Für vier Portionen wird benötigt:

600 Gramm Kartoffeln | 100 Gramm Speckwürfel | 4 Zwiebel | 2 EL Butterschmalz | 1 EL Tomatenmark | 1 TL Paprikapulver geräuchert | 600 ml Gemüsebrühe | 6 Bockwürste | Majoran | Kümmel gemahlen | Salz und Pfeffer | 100 Gramm Sauerrahm | 1 EL Maismehl

Die Zubereitung:

1. Die Kartoffel würfeln und die Zwiebel hacken und zusammen mit dem Speck im Butterschmalz anrösten.
2. Tomatenmark und Paprikapulver hinzugeben und mit der Brühe aufgießen.
3. Die Würste in Scheiben schneiden und in den Topf geben.
4. Mit Majoran, Kümmel, Salz und Pfeffer abschmecken und mit dem Deckel verschließen.
5. Für 35 Minuten bei 175° Celsius kochen.
6. Das Maismehl einrühren, vom Feuer nehmen, mit dem Sauerrahm verfeinern und anrichten.

Notizen:_____

Eintopf mit Kalbsbacken und Kohlrabi

Kalorien: 1441,4 kcal | Eiweiß: 140,3 Gramm | Fett: 65,3 Gramm | Kohlenhydrate: 29,8 Gramm

Für vier Portionen wird benötigt:

1 kg Kalbsbacken | 10 Schalotten | 3 Kohlrabi | 2 EL Öl | 1 TL Tomatenmark | 200 ml Rotwein | 600 ml Kalbsfond | 3 Zweige Thymian | 2 Lorbeerblätter | Salz und Pfeffer | 100 ml Sahne | 2 EL Maismehl

Die Zubereitung:

1. Die Kalbsbacken salzen und pfeffern.
2. Schalotten und Kohlrabi klein schneiden und alles zusammen im Öl anrösten.
3. Tomatenmark hinzugeben und mit Rotwein ablöschen.
4. Mit dem Fond aufgießen und mit Thymian und Lorbeerblättern, Salz und Pfeffer würzen und mit dem Deckel verschließen.
5. Für 2,5 Stunden bei 160° Celsius schmoren.
6. Die Sahne mit dem Maismehl verrühren, einrühren und anrichten.
7. Unbedingt immer wieder die Flüssigkeit kontrollieren.

Notizen:

Eintopf mit Hirsch und Rüben

Kalorien: 1690 kcal | Eiweiß: 244,6 Gramm | Fett: 36,7 Gramm | Kohlenhydrate: 67,8 Gramm

Für vier Portionen wird benötigt:

1 kg Hirsch-Schulter | 2 Zwiebel | 100 Gramm Speckwürfel | 2 EL Öl | 1 EL Tomatenmark | 100 ml Rotwein | 700 ml Wildfond | 2 gelbe Möhren | 1 rote Bete | 100 Gramm Topinambur | 150 Gramm Pastinake | 2 EL Preiselbeere-Marmelade | 1 TL Thymian getrocknet | Salz und Pfeffer | 100 ml Buttermilch | 2 EL Maismehl

Die Zubereitung:

1. Das Fleisch in 2 cm große Würfel schneiden und die Zwiebel klein hacken.
2. Zusammen mit dem Speck im Öl goldbraun anrösten.
3. Tomatenmark hinzugeben und mit dem Rotwein ablöschen.
4. Mit dem Wildfond aufgießen.
5. Das Gemüse klein schneiden und zusammen mit Preiselbeeren, Thymian, Salz und Pfeffer in den Topf geben.

6. Mit dem Deckel verschließen und für 90 Minuten bei 160° Celsius schmoren.
7. Die Buttermilch mit dem Maismehl vermengen und einrühren.
8. Abschmecken und servieren.

Notizen:

Ganze Braten aus dem Black Pot

Ganzes Brathuhn

Kalorien: 1957,5 kcal | Eiweiß: 217,4 Gramm | Fett: 77,1 Gramm | Kohlenhydrate: 85,1 Gramm

Für vier Portionen wird benötigt:

1 ganzes Huhn | 2 EL Brathuhn-Gewürz | 1 Petersilienwurzel | 3 Zweige Thymian | 600 Gramm Kürbis | 1 Messerspitze Zimt | 300 ml Brühe

Die Zubereitung:

1. Das Huhn gut mit dem Gewürz einreiben und mit Petersilienwurzel und Thymian füllen.
2. Den Kürbis würfeln und in den Black Pot legen.
3. Mit Zimt bestreuen und mit dem Huhn bedecken.
4. Brühe einfüllen und den Deckel schließen und für 80 Minuten bei 175° Celsius braten.

Notizen:_____
_____
_____

Schweinebraten

Kalorien: 1121,9 kcal | Eiweiß: 59,3 Gramm | Fett: 27,2 Gramm | Kohlenhydrate: 131,8 Gramm

Für vier Portionen wird benötigt:

1,2 kg Schweineschulter | 1 Zwiebel | 4 Knoblauchzehen | 1 TL Kümmel | 1 TL Majoran | Salz und Pfeffer | 1 Gemüsezwiebel | 1 Möhre | 1/2 Sellerie | 300 ml Weizenbier | 300 ml Brühe

Die Zubereitung:

1. Zwiebel und Knoblauch sehr fein hacken, mit Kümmel, Majoran, Salz und Pfeffer vermengen und das Fleisch gut damit einreiben.
2. Die Gemüsezwiebel, die Möhre und den Sellerie grob schneiden und in den Topf legen.
3. Das Fleisch darauf geben und mit Bier und Brühe übergießen.
4. Mit dem Deckel verschließen und für 120 Minuten bei 175° Celsius braten.

Notizen:

Rollbraten

Kalorien: 5543,4 kcal | Eiweiß: 102,9 Gramm | Fett: 532,8 Gramm | Kohlenhydrate: 40,6 Gramm

Für vier Portionen wird benötigt:

1 kg Schweinebauch | 1/2 Bund Petersilie | 1 Zwiebel | 2 Knoblauchzehen | 1 EL Senf | 1 EL Salz | 1 TL Pfeffer | 1 TL Paprika | 1 TL Kümmel gemahlen | Majoran | 3 Gemüsezwiebel | 600 ml Brühe

Die Zubereitung:

1. Petersilie, Zwiebel und Knoblauch sehr fein hacken und mit dem Senf vermengen.
2. Das Fleisch salzen und pfeffern und auf einer Seite mit der Mixtur bestreichen und einrollen.
3. Mit einem Garn fixieren.
4. Außen mit Paprika, Kümmel und Majoran einstreichen.
5. Die Gemüsezwiebeln grob hacken und in den Topf legen.
6. Das Fleisch darauf geben und mit der Brühe übergießen.
7. Den Deckel schließen und für 2,5 Stunden bei 175° Celsius braten.
8. Zwischendurch immer wieder Temperatur und Flüssigkeit kontrollieren.

Notizen: _____

_____

Rinderbraten

Kalorien: 2194,6 kcal | Eiweiß: 322,5 Gramm | Fett: 62,7 Gramm | Kohlenhydrate: 22,9 Gramm

Für sechs Portionen wird benötigt:

1,5 kg Rinderhüfte | 2 EL Senf | Salz und Pfeffer | 1 Möhre | 1 kleiner Sellerie | 1/2 Lauch | 2 Zwiebel | 300 ml Rotwein | 500 ml Rindsuppe | Thymian | Rosmarin | Lorbeerblätter

Die Zubereitung:

1. Das Fleisch mit Senf bestreichen und mit Salz und Pfeffer würzen.
2. Das Gemüse klein schneiden und in den Topf geben.
3. Mit Rotwein und Suppe übergießen, mit den Kräutern würzen und das Fleisch darauf positionieren.
4. Den Deckel schließen und für 1,5 Stunden bei 175° Celsius braten.

Notizen: _____
_____
_____

Sauerbraten

Kalorien: 1585,2 kcal | Eiweiß: 199 Gramm | Fett: 62 Gramm | Kohlenhydrate: 47,1 Gramm

Für vier Portionen wird benötigt:

200 ml Apfelessig | 1 l Gemüsebrühe | 8 Wacholderbeeren | 10 Pfefferkörner | 1 EL Senfkörner | 1 EL Zucker | 1 Sellerie | 1 Stange Lauch | 1 Petersilienwurzel | 2 Kartoffeln | 1 kg Rinderbrust | Salz und Pfeffer

Die Zubereitung:

1. Das Gemüse klein schneiden und mit allen Zutaten außer dem Fleisch einmal kurz aufkochen, auskühlen lassen und das Fleisch einlegen.
2. Für 24 Stunden marinieren.
3. Alles in den Topf gießen, den Deckel schließen und für 2 Stunden bei 175° Celsius schmoren.
4. Nach Bedarf salzen und pfeffern.

Notizen:_____

_____

_____

Ganze Ente

Kalorien: 3963,3 kcal | Eiweiß: 295,9 Gramm | Fett: 277,1 Gramm | Kohlenhydrate: 42,2 Gramm

Für vier Portionen wird benötigt:

1 ganze Ente | 2 Äpfel | 1 Sellerie | 1 TL Salz | 1 TL Pfeffer schwarz | 1/2 TL Beifuß | 1/2 TL Paprikapulver | 1/2 TL Majoran | 1 Messerspitze Kreuzkümmel | 2 Zwiebel | 600 ml Geflügelfond

Die Zubereitung:

1. Die Gewürze vermengen und die Ente damit einreiben.
2. Einen Apfel und einen halben Sellerie sehr klein schneiden und die Ente damit füllen.
3. Die Zwiebel, den Apfel und den halben Sellerie grob schneiden, in den Topf legen, mit dem Fond übergießen und die Ente darauf legen.
4. Mit dem Deckel verschließen.
5. Für 2,5 Stunden bei 175° Celsius schmoren.

Notizen:_____

_____

_____

Osso Bucco

Kalorien: 2391,3 kcal | Eiweiß: 210,1 Gramm | Fett: 139,1 Gramm | Kohlenhydrate: 41 Gramm

Für vier Portionen wird benötigt:

4 Beinscheiben vom Kalb | Salz und Pfeffer | 2 EL Öl | 1 Möhre | 1 kleiner Sellerie | 1 Petersilienwurzel | 1/2 Lauch | 1 TL Tomatenmark | 100 ml Rotwein | 400 Gramm Dosentomaten | 300 ml Kalbsfond | 6 Zweige Thymian | 1 TL Oregano | 2 Lorbeerblätter

Die Zubereitung:

1. Das Fleisch salzen und pfeffern und auf beiden Seiten scharf anbraten und aus dem Topf nehmen.
2. Das Gemüse in 1 cm große Würfel schneiden und zusammen mit dem Tomatenmark anrösten.
3. Mit dem Rotwein ablöschen und mit dem Fond und den Tomaten aufgießen.
4. Mit Thymian, Oregano und Lorbeerblättern aromatisieren und das Fleisch einlegen.
5. Den Deckel schließen und für 2 Stunden bei 175° Celsius schmoren.

Notizen: _____
_____
_____

Gefüllte Kalbsbrust

Kalorien: 3889,1 kcal | Eiweiß: 426,2 Gramm | Fett: 178,7 Gramm | Kohlenhydrate: 117,1 Gramm

Für acht Portionen wird benötigt:

2 kg Kalbsbrust | 300 Gramm Toastbrot | 6 Eigelb | 1/2 Bund Petersilie gehackt | Salz und Pfeffer | 1 Prise Muskat | 1 TL Thymian getrocknet | 1 Möhre | 1/2 Sellerie | 800 ml Kalbsfond | eventuell 1 kg Kalbsknochen als Unterlage

Die Zubereitung:

1. In die Kalbsbrust eine Tasche schneiden.
2. Toastbrot würfeln und mit dem Eigelb, Petersilie, Salz, Pfeffer, Muskat und Thymian vermengen.
3. Die Brust damit füllen und mit einem Spieß verschließen.
4. Die Knochen in den Topf legen.
5. Möhre und Sellerie klein schneiden und darauf verteilen.
6. Mit dem Fond übergießen und die Brust einlegen.
7. Den Deckel schließen und für 2 Stunden bei 175° Celsius schmoren.
8. Das Fleisch herausnehmen, Knochen entfernen, die Sauce pürieren und zum Fleisch anrichten.

Notizen: _____

_____

Kalbsstelze

Kalorien: 2163 kcal | Eiweiß: 290,2 Gramm | Fett: 91,1 Gramm | Kohlenhydrate: 16,8 Gramm

Für sechs Portionen wird benötigt:

1 Kalbshaxe mit ca. 3 kg | Salz und Pfeffer | 2 EL Öl | 2 Zwiebel | 1 Möhre | 1/2 Sellerie | 1 TL Tomatenmark | 100 ml Rotwein lieblich | 600 ml Kalbsfond | 2 Zweige Thymian | 2 Lorbeerblätter | Abrieb einer Limette

Die Zubereitung:

1. Das Fleisch salzen und pfeffern und im Öl rundherum anbraten.
2. Das Gemüse klein schneiden und zusammen mit dem Tomatenmark mit rösten.
3. Mit dem Rotwein ablöschen und mit dem Fond aufgießen.
4. Mit Thymian, Lorbeerblatt und Abrieb abschmecken und mit dem Deckel verschließen.
5. Für 3 Stunden bei 160° Celsius schmoren.

Notizen:

Rehkeule aus dem Dutch Oven

Kalorien: 1255,3 kcal | Eiweiß: 218,6 Gramm | Fett: 12,8 Gramm | Kohlenhydrate: 41,9 Gramm

Für vier Portionen wird benötigt:

1 kg Reh keule ohne Knochen | 2 TL Wildgewürz | 6 Schalotten | 2 EL Balsamico Essig | 100 ml Rotwein | 600 ml Wildfond | 2 EL Brombeer-Marmelade | Salz und Pfeffer | 3 Zweige Thymian | 3 Zweige Rosmarin

Die Zubereitung:

1. Das Fleisch mit dem Wildgewürz einreiben und mit dem Balsamico Essig einstreichen.
2. Die Schalotten, Rotwein, Fond und Marmelade in den Topf geben, mit Thymian, Rosmarin, Salz und Pfeffer würzen und das Fleisch einlegen.
3. Den Deckel schließen und für 2 Stunden bei 160° Celsius schmoren.
4. Das Fleisch herausnehmen, die Sauce passieren und zum Fleisch anrichten.

Notizen: _____

_____

_____

Eiergerichte und Beilagen

Eierflan

Kalorien: 651,2 kcal | Eiweiß: 54,7 Gramm | Fett: 39,1 Gramm | Kohlenhydrate: 15,5 Gramm

Für vier Portionen wird benötigt:

8 Eier | 200 ml Milch | 400 ml Brühe | 1 Bund Petersilie gehackt | Salz und Pfeffer | Muskat gemahlen

Die Zubereitung:

1. Der Boden des Topfs wird 3 cm hoch mit Wasser bedeckt.
2. Alle Zutaten verquirlen und in 4 feuerfeste kleine Schüsseln füllen.
3. In den Topf stellen, den Deckel schließen und für 25 Minuten bei 160° Celsius stocken lassen.

Notizen:_____

_____

_____

Rührei mit Speck und Käse

Kalorien: 252,6 kcal | Eiweiß: 22,2 Gramm | Fett: 16 Gramm | Kohlenhydrate: 3 Gramm

Für eine Portion wird benötigt:

1 EL Speck gewürfelt | 2 Eier | 2 EL Joghurt | 1 EL Bergkäse gerieben | 2 Blatt Salbei fein gehackt

Die Zubereitung:

1. Den Speck im Deckel bei 175° Celsius anbraten.
2. Die Eier mit dem Joghurt, Käse und Salbei verquirlen und über den Speck gießen.
3. Mit dem Kochlöffel zu einem Rührei verarbeiten.

Notizen:_____

_____

_____

Omelette mit Gemüse

Kalorien: 458,3 kcal | Eiweiß: 27,6 Gramm | Fett: 32,8 Gramm | Kohlenhydrate: 9,7 Gramm

Für zwei Portionen wird benötigt:

1/2 Zucchini | 1/2 Stange Staudensellerie | 1 Schalotte | 30 Gramm Brokkoli | 2 EL Butter | 4 Eier | 50 ml Milch | Salz und Pfeffer | etwas Oregano

Die Zubereitung:

1. Das Gemüse klein schneiden und in der Butter anrösten.
2. Die Eier mit Milch, Salz, Pfeffer und Oregano verquirlen.
3. Über das Gemüse gießen und das Ei bei 175° Celsius zu einem Omelette stocken lassen.
4. Einklappen und anrichten.

Notizen: _____
_____
_____

Gefüllte Tomaten

Kalorien: 148,4 kcal | Eiweiß: 14,1 Gramm | Fett: 1,4 Gramm | Kohlenhydrate: 19 Gramm

Für vier Portionen wird benötigt:

2 Fleischtomaten | 4 EL Frischkäse | 1 Messerspitze Paprikapulver | 20 Gramm Blattspinat gehackt | 2 EL Mais | Salz und Pfeffer

Die Zubereitung:

1. Die Tomaten halbieren und aushöhlen.
2. Den Frischkäse mit Paprika, Blattspinat, Mais, Salz und Pfeffer vermengen und wieder in die Tomaten füllen.
3. In den Topf stellen, Deckel schließen und bei 175° Celsius für 12 Minuten backen.

Notizen: _____
_____
_____

Gefüllte Paprika

Kalorien: 539,5 kcal | Eiweiß: 29,4 Gramm | Fett: 20,4 Gramm | Kohlenhydrate: 55,9 Gramm

Für vier Portionen wird benötigt:

2 rote Paprika | 1 Zwiebel fein gehackt | 4 EL Erbsen | 2 Kartoffeln gekocht, klein gewürfelt | 100 Gramm Schafskäse | Salz und Pfeffer | Majoran

Die Zubereitung:

1. Die Paprika halbieren und von den Kernen befreien.
2. Zwiebel, Erbsen, Kartoffeln, Schafskäse, Salz, Pfeffer und Majoran vermengen und wieder in die Paprika füllen.
3. In den Topf legen, Deckel schließen und bei 175° Celsius für 15 Minuten garen.

Notizen:_____

_____

_____

Karfiol-Bombe aus dem Dutch Oven

Kalorien: 1172,6 kcal | Eiweiß: 56,5 Gramm | Fett: 91,6 Gramm | Kohlenhydrate: 21,8 Gramm

Für vier bis sechs Portionen wird benötigt:

8 Scheiben Speck | 1 Blumenkohl | 300 ml Sahne | 200 ml Brühe | Salz und Pfeffer | Muskat | 100 Gramm Käse gerieben

Die Zubereitung:

1. Den Topf mit Speck auslegen und den Blumenkohl in Röschen geschnitten darauf verteilen.
2. Sahne und Brühe darüber gießen, mit Salz, Pfeffer und Muskat würzen.
3. Mit Käse bestreuen und mit dem Deckel verschließen.
4. Für 20 Minuten bei 175° Celsius garen.

Notizen:_____
_____
_____

Fisch und Meeresfrüchte aus dem Dutch Oven

Fisch im Bananenblatt

Kalorien: 1376,7 kcal | Eiweiß: 184,7 Gramm | Fett: 63,6 Gramm | Kohlenhydrate: 6,8 Gramm

Für vier Portionen wird benötigt:

1 kg Lachsfilet | Salz und Pfeffer | Zitronensaft | 2 Chilis fein gehackt | 2 cm Ingwer klein geschnitten | 1/2 Bund Koriander gehackt | 2 Limetten in Scheiben | 2 EL Kokosmilch | 1 Bananenblatt

Die Zubereitung:

1. Den Fisch salzen, pfeffern und säuern.
2. Auf das Bananenblatt legen und mit Chili, Ingwer und Koriander würzen.
3. Mit den Limettenscheiben belegen und mit der Kokosmilch übergießen.
4. Das Bananenblatt schließen und mit Zahnstochern fixieren.
5. In den Dutch Oven legen und bei 190° Celsius für 20 Minuten garen.

Notizen:_____
_____
_____

Thunfisch Steak

Kalorien: 370,8 kcal | Eiweiß: 42,7 Gramm | Fett: 20,8 Gramm | Kohlenhydrate: 0,5 Gramm

Für eine Portion wird benötigt:

200 Gramm Thunfisch Steak | 2 EL Butter | Salz und Pfeffer | 1 Zweig Rosmarin fein gehackt | 1 TL Sesam schwarz

Die Zubereitung:

1. Die Butter im Deckel bei 190° Celsius schmelzen lassen.
2. Den Fisch salzen und pfeffern und zusammen mit dem Rosmarin von einer Seite für 90 Sekunden anbraten.
3. Wenden, und mit dem Sesam bestreuen und für weitere 90 Minuten glasig durchbraten.

Notizen:_____
_____
_____

Seeteufel mit Rahm-Rüben

Kalorien: 1064,2 kcal | Eiweiß: 76,8 Gramm | Fett: 73 Gramm | Kohlenhydrate: 17,2 Gramm

Für zwei Portionen wird benötigt:

1 rote Zwiebel | 1 gelbe Möhre | 100 Gramm Schwarzwurzeln | 200 ml Fischfond | 200 ml Sahne | 400 Gramm Seeteufel | 3 Blatt Salbei | 1 EL Estragon gehackt | Salz und Pfeffer

Die Zubereitung:

1. Alle Zutaten in mundgerechte Stücke schneiden und alles zusammen in den Black Pot geben.
2. Den Deckel schließen und den Fisch bei 175° Celsius für 20 Minuten garen.

Notizen:

Knobi Garnelen

Kalorien: 1936,6 kcal | Eiweiß: 206,4 Gramm | Fett: 98,3 Gramm | Kohlenhydrate: 18,1 Gramm

Für vier Portionen wird benötigt:

2 rote Zwiebel fein gehackt | 10 Knoblauchzehen blättrig geschnitten | 100 Gramm Butter | 1 kg Garnelen ohne Kopf und Schale | 1 Bund Koriander gehackt | Salz und Pfeffer | 100 ml Weißwein

Die Zubereitung:

1. Zwiebel und Knoblauch in der Butter hell anrösten.
2. Garnelen hinzugeben und für einige Minuten bei 190° Celsius mit garen.
3. Mit Koriander, Salz und Pfeffer abschmecken, mit Weißwein aufgießen und für weitere 5 Minuten durchziehen lassen.

Notizen:_____
_____
_____

Schichtfisch

Kalorien: 3346,9 kcal | Eiweiß: 240 Gramm | Fett: 180,8 Gramm | Kohlenhydrate: 116,3 Gramm

Für vier bis sechs Portionen wird benötigt:

10 Scheiben Speck | 2 Zweige Rosmarin | 1 kg Kabeljau | Salz und Pfeffer | 2 Kohlrabi | 3 Kartoffeln | 2 Birnen | 300 ml Weißwein | 500 ml Sahne | 1 Bund Basilikum

Die Zubereitung:

1. Den Speck in den Dutch Oven legen.
2. Die restlichen Zutaten klein schneiden und ebenfalls abwechselnd in den Topf schichten.
3. Mit Weißwein und Sahne übergießen, mit Salz, Pfeffer und Basilikum würzen und mit dem Deckel verschließen.
4. Für 30 Minuten bei 175° Celsius garen.

Notizen:_____
_____
_____

Aromatische Tintenfisch Pfanne

Kalorien: 1754,4 kcal | Eiweiß: 146,5 Gramm | Fett: 90,2 Gramm | Kohlenhydrate: 43,6 Gramm

Für vier Portionen wird benötigt:

2 rote Zwiebel | 2 Knoblauchzehen | 700 Gramm Tintenfisch | 3 EL Öl | 1 Paprika gelb | 1 Zucchini | 1 kleiner Fenchel | 100 Gramm Brokkoli | 100 Gramm Kirsch-Tomaten | 200 ml Weißwein | 200 ml Sahne | 1/2 Bund Dill gehackt | Salz und Pfeffer

Die Zubereitung:

1. Zwiebel und Knoblauch klein schneiden und im Öl hell anschwitzen.
2. Tintenfisch klein schneiden und hinzugeben.
3. Das Gemüse in mundgerechte Stücke schneiden und ebenfalls in den Topf geben.
4. Mit Weißwein und Sahne übergießen und mit Dill, Salz und Pfeffer würzen.
5. Den Deckel schließen und alles für 30 Minuten bei 175° Celsius garen.

Notizen:_____

_____

_____

Desserts aus dem Dutch Oven

Schokoladen und Vanille Cobbler mit Beeren

Kalorien: 784,1 kcal | Eiweiß: 18,9 Gramm | Fett: 12,7 Gramm | Kohlenhydrate: 143,5 Gramm

Für einen ganzen Cobbler mit etwa acht Portionen wird benötigt:

500 Gramm Beerenmix | 2 Eier | 100 Gramm Zucker | 1 Packung Vanillezucker | 50 Gramm Mehl | 1 EL Kakao | 100 Gramm Schoko-Drops

Die Zubereitung:

1. Die Beeren mit der Hälfte des Zuckers vermengen und im Topf verteilen.
2. Die Eier mit dem restlichen Zucker schaumig schlagen und Vanillezucker, Mehl und Kakao einrühren.
3. Über den Früchten verteilen, mit den Drops bestreuen und den Deckel schließen.
4. Für 35 Minuten bei 175° Celsius backen.

Notizen:_____

_____

_____

Schoko-Bananen Muffins

Kalorien: 1798,9 kcal | Eiweiß: 23,8 Gramm | Fett: 88,7 Gramm | Kohlenhydrate: 213,8 Gramm

Für acht Muffins wird benötigt:

2 Eier | 120 ml Milch | 50 ml Öl | 1 EL Kakao | 60 Gramm Zucker | 160 Gramm Mehl | 2 Bananen | 1 Packung Backpulver | 1 Packung Vanillezucker | 80 Gramm Backschokolade gerieben

Die Zubereitung:

1. Alle Zutaten miteinander vermengen.
2. In acht Muffin Förmchen füllen und in den Black Pot stellen.
3. Den Topf 2 cm hoch mit Wasser füllen und den Deckel schließen.
4. Die Muffins für 25 Minuten bei 175° Celsius backen.

Notizen:

Ananas Kuchen

Kalorien: 4309,9 kcal | Eiweiß: 44,2 Gramm | Fett: 251,8 Gramm | Kohlenhydrate: 435,9 Gramm

Für einen ganzen Kuchen wird benötigt:

350 Gramm Ananas frisch oder aus der Dose | 200 Gramm Butter | 5 Eier | 150 Gramm Zucker | 1 Packung Vanillezucker | 200 Gramm Joghurt | 280 Gramm Mehl | 1 Packung Backpulver | 100 Gramm Kokosraspeln

Die Zubereitung:

1. Den Black Pot mit Backpapier auslegen.
2. Die Ananas am Boden verteilen.
3. Die Butter schaumig schlagen und die Eier nach und nach einrühren.
4. Mit den restlichen Zutaten vermengen und über die Ananas gießen.
5. Den Deckel schließen und den Ananas-Kuchen für 60 Minuten bei 175° Celsius backen.

Notizen: _____

_____

_____

Impressum

© 2018 Food Experts 1. Auflage 2018
Umschlaggestaltung, Verantwortlicher, Illustration: Paul Kurpiela Föhrenstr. 8 77656 Offenburg
paul.kurpiela@gmail.com
Das Werk, einschließlich seiner Teile, ist urheberrechtlich geschützt. Jede Verwertung ist ohne Zustimmung des Verlages und des Autors unzulässig. Dies gilt insbesondere für die elektronische oder sonstige Vervielfältigung, Übersetzung, Verbreitung und öffentliche Zugänglichmachung. Bibliografische Information der Deutschen Nationalbibliothek: Die Deutsche Nationalbibliothek verzeichnet diese Publikation in der Deutschen Nationalbibliografie; detaillierte bibliografische Daten sind im Internet über http://dnb.d-nb.de abrufbar. Rechtliches & Haftungsausschluss. Der Autor übernimmt keine juristische Verantwortung und keinerlei Haftung für Schäden, die aus der Benutzung dieses Buches entstehen. Außerdem ist der Autor nicht verpflichtet, Folge- oder mittelbare Schäden zu ersetzen. Gewerbliche Kennzeichen- und Schutzrechte bleiben von diesem Titel unberührt. Das Werk ist einschließlich aller Teile urheberrechtlich geschützt. Das vorliegende Werk dient nur den privaten Gebrauch. Alle Recht, auch die der Übersetzung, des Nachdrucks und der Vervielfältigung dieses Titels oder von Teilen daraus, verbleiben beim Autor. Ohne die schriftliche Einwilligung des Autors darf kein Teil dieses Dokumentes in irgendeiner Form oder auf irgendeine elektronische oder mechanische Weise für irgendeinen Zweck vervielfältigt werden. Suchen Sie bei unklare oder heftigen Beschwerden unbedingt einen Arzt auf! Die Informationen in diesem Buch sind vom Autor sorgfältig recherchiert und zusammengestellt worden, sie können aber keineswegs einen Arzt ersetzen! Die hier dargestellten Informationen dienen nicht Diagnosezwecken oder als Therapieempfehlungen. Eine Haftung des Autor für Personen-, Sach- und Vermögensschäden durch dieses Buch wird ausgeschlossen

www.ingramcontent.com/pod-product-compliance
Lightning Source LLC
Chambersburg PA
CBHW031920240526

45464CB00021B/610